本书受上海市科技创新与公共管理研究中心，以及教育部哲学社会科学重大课题攻关项目"女性高层次人才成长规律与成长路径研究"（项目批准号：10JZD0045-2）和国家自然科学基金"社会网络与团队创造力的多阶段循环演化机制研究"（项目批准号：71072025）课题资助

科技创新人才成长 与环境支持

张冬梅 著

Development of Technological Innovation
Talents and the Supporting Environment

中国社会科学出版社

图书在版编目（CIP）数据

科技创新人才成长与环境支持/张冬梅著．—北京：中国
社会科学出版社，2015.7
ISBN 978 - 7 - 5161 - 5836 - 4

Ⅰ.①科⋯　Ⅱ.①张⋯　Ⅲ.①a 技术革新—人才培养—
研究—中国　Ⅳ.①C964.2

中国版本图书馆 CIP 数据核字（2015）第 063830 号

出　版　人	赵剑英
责 任 编 辑	王　曦
责 任 校 对	周晓东
责 任 印 制	戴　宽

出　　　版	中国社会科学出版社
社　　　址	北京鼓楼西大街甲 158 号
邮　　　编	100720
网　　　址	http://www.csspw.cn
发 行 部	010 - 84083685
门 市 部	010 - 84029450
经　　　销	新华书店及其他书店

印　　　装	北京君升印刷有限公司
版　　　次	2015 年 7 月第 1 版
印　　　次	2015 年 7 月第 1 次印刷

开　　　本	710×1000　1/16
印　　　张	16.5
插　　　页	2
字　　　数	280 千字
定　　　价	52.00 元

凡购买中国社会科学出版社图书，如有质量问题请与本社营销中心联系调换
电话：010 - 84083683
版权所有　侵权必究

目　　录

第一篇　科技人才及其成长需求

第一章　科技人才的界定与政府人才计划 ……………………… 3

　　第一节　科技人才 ………………………………………………… 3

　　第二节　政府科技人才计划 ……………………………………… 7

第二章　科技人才团队角色分析 ………………………………… 11

　　第一节　科技人才特质要素的研究设计 ………………………… 11

　　第二节　科技人才团队角色分析 ………………………………… 14

第三章　科技人才团队成长需求维度与需求要素 ……………… 19

　　第一节　成长的相关理论分析 …………………………………… 19

　　第二节　科技人才的成长规律 …………………………………… 32

　　第三节　科技人才成长的影响因素与促进途径 ………………… 33

　　第四节　科技领军人才需求要素 ………………………………… 35

本篇参考文献 ……………………………………………………… 39

第二篇　科技人才评估体系

第四章　科技人才评价相关研究综述 …………………………… 45

　　第一节　科技人才的评价维度 …………………………………… 45

第二节　科技人才的评价方法 ……………………… 48
第三节　存在问题和解决思路 ……………………… 50

第五章　资助效益的综合评价 ……………………… 51

第一节　评价方法：TOPSIS 法 ……………………… 51
第二节　资助效益的评估模型构建 ………………… 52
第三节　科技人才综合评价结果及差异性分析 …… 55
第四节　科研积累—资助效益转移矩阵 …………… 57

第六章　科技人才选拔评价体系构建 ……………… 59

第一节　人才特质维度构建 ………………………… 59
第二节　科研积累维度构建 ………………………… 60
第三节　课题特征维度构建 ………………………… 61

第七章　科技创新型人才评价指标体系构建
　　　　——以宁波高新区为例 …………………… 63

第一节　科技创新型人才的界定 …………………… 63
第二节　科技创新型人才的评价与识别 …………… 64

附录1　人才特质测试结果 ………………………… 74

一　科技人才测试问卷权重设计 …………………… 74
二　科技人才测试问卷结果分析 …………………… 75

附录2　职位特征维度的测量 ……………………… 76

本篇参考文献 ……………………………………… 81

第三篇　科技创新人才成长与环境研究
——以张江高新区为例

第八章　科技创新人才成长与环境要素关联分析研究设计 ………… 87

第一节　组织文化相关研究 ………………………… 87

第二节　创新氛围相关研究 ………………………………… 88

第三节　组织成员学习方式相关研究 …………………… 90

第四节　企业创新过程及创新价值链理论相关研究 ………… 91

第五节　研究维度与框架 …………………………………… 94

第六节　研究要素逻辑关系与假设 ………………………… 99

第七节　问卷结构与样本统计分析 ………………………… 101

第九章　组织环境要素及人才成长效能测量结果分析 ……… 107

第一节　组织文化 …………………………………………… 107

第二节　组织创新氛围 ……………………………………… 109

第三节　企业创新过程 ……………………………………… 110

第四节　组织成员学习方式 ………………………………… 111

第五节　科技创新人才成长效能 …………………………… 113

第十章　科技创新人才成长效能与组织环境要素相关性分析 ……… 116

第一节　科技创新人才成长效能与组织文化相关性分析 ……… 116

第二节　科技创新人才成长效能与组织
　　　　创新氛围相关性分析 ……………………………… 117

第三节　科技创新人才成长效能与组织成员学习方式相关
　　　　分析 ………………………………………………… 119

第四节　科技创新人才成长效能与企业创新
　　　　过程相关性分析 …………………………………… 121

第五节　假设检验结果 ……………………………………… 121

第十一章　科技创新人才成长环境改善与优化 ……………… 123

第一节　园区环境与组织环境改进措施 …………………… 123

第二节　上海市人才成长环境优化措施 …………………… 129

本篇参考文献 …………………………………………………… 133

第四篇　科技人才政策及人才政策实施评价
——以上海为例

第十二章　科技人才政策梳理……………………………… 137

　　第一节　近年来上海市科技人才政策回顾……………… 137

　　第二节　代表性科技人才政策的选取…………………… 142

第十三章　基于宏观整体的科技人才政策实施成效定量评价……… 144

　　第一节　评价原则与评价方法…………………………… 144

　　第二节　评价指标选取…………………………………… 146

　　第三节　定量评价………………………………………… 147

第十四章　基于微观个体的科技人才政策实施成效实证评价……… 157

　　第一节　调查对象的选择及其问卷设计………………… 157

　　第二节　调查样本介绍与信度分析……………………… 158

　　第三节　调查对象对上海市科技人才政策的具体评价……… 159

第十五章　新政策体系设计构思………………………… 176

　　第一节　政策改进思路…………………………………… 176

　　第二节　新政策体系设计构思…………………………… 178

附录1　宏观评价方法………………………………………… 183

附录2　发表的相关论文…………………………………… 188

本篇参考文献………………………………………………… 210

第五篇　政府人才计划与科技人才建设

第十六章　科技领军人才成长的内生要素·····················213

　　第一节　内生要素的含义和构成·······················213

　　第二节　内生要素指标的分析方法·····················217

　　第三节　科技领军人才的资质要素指标分析···············219

　　第四节　科技领军人才的需求要素指标分析···············223

第十七章　政府科技人才计划的实施与研究现状···············229

　　第一节　政府科技人才计划的实施目的··················229

　　第二节　政府科技人才计划的操作模式··················231

　　第三节　政府科技人才计划的实施效果评价···············233

　　第四节　现状评价与研究缺口·······················234

第十八章　政府人才计划中影响科技领军人才

　　　　　　成长的外部耦合要素·······················236

　　第一节　外部耦合要素的含义和构成···················236

　　第二节　外部耦合要素指标的分析方法··················236

　　第三节　科技领军人才资质要素的培养途径要素············237

　　第四节　满足科技领军人才需求要素的团队激励手段指标········237

第十九章　政府人才计划与科技团队及领军人才

　　　　　　成长的关联性分析·······················239

　　第一节　关联性分析方法·························239

　　第二节　科技团队领军人才资质要素指标与其培养途径指标的

　　　　　　关联性分析·····························240

　　第三节　科技团队领军人才需求要素指标与其团队激励手段指标的

　　　　　　关联性分析·····························242

　　第四节　关联性分析结论·························244

第二十章 基于关联性研究的政府人才计划评价及优化策略⋯⋯⋯ 248

　第一节 政府人才计划在促进科技团队领军人才成长方面
　　　　所取得的成效⋯⋯⋯⋯⋯⋯⋯⋯⋯⋯⋯⋯⋯⋯⋯⋯ 248

　第二节 政府人才计划在促进科技团队领军人才成长方面待完善
　　　　之处⋯⋯⋯⋯⋯⋯⋯⋯⋯⋯⋯⋯⋯⋯⋯⋯⋯⋯⋯ 249

　第三节 本地政府人才计划的优化策略⋯⋯⋯⋯⋯⋯⋯⋯⋯ 250

　第四节 可供我国其他地区同类人才计划借鉴的经验⋯⋯⋯⋯ 252

本篇参考文献⋯⋯⋯⋯⋯⋯⋯⋯⋯⋯⋯⋯⋯⋯⋯⋯⋯⋯⋯⋯ 253

后记 ⋯⋯⋯⋯⋯⋯⋯⋯⋯⋯⋯⋯⋯⋯⋯⋯⋯⋯⋯⋯⋯⋯⋯ 255

第一篇

科技人才及其成长需求

第一章　科技人才的界定与政府人才计划

第一节　科技人才

一　科技人才的界定

1. 国内对科技人才的界定

秦江萍和谢江桦指出，科技人才是人力资源中文化层次较高、具有特殊才能和较高创造能力的群体，是人力资源中拥有人力资本较多的精华部分，是以其创造性劳动，为社会发展和人类进步作出较大贡献的优秀群体，它是人力资源中的核心部分，对促进科技进步和经济增长起着关键性的作用。

易经章、胡振华在《科技人才测评指标研究》一文中提出：所谓科技人才是指经过高等院校培养，或经过专门训练的具有相当科研能力的，具有某种专门知识和才学，具有某种能力和特长的、能够以自己的科研成果为社会经济和发展作出贡献的人。科技人才必须具有的能力包括科技创新能力、科技研究能力、发明创新能力、组织管理能力、获取信息的能力、社会活动能力。

汪群等人提出，科技人才是指具有一定专业知识和专门技能，在科学技术的创造、传播、应用和发展中作出积极贡献的人。

杜协康、杨永星认为：所谓科技人才是指那些在工程技术或科学理论上有一定专长、有较深造诣的人员。

程瑞英在《试论科技人才与科研成果》一文中给科技人才的界定是这样的：科技人才是在科技活动中以自己较高的创造力为科学技术发明和人类进步作出较大贡献的人。

《人才学辞典》把科技人才定义为：科学人才和技术人才的省略语，

是在社会科学技术劳动中，以自己较高的创造力，科学的探索精神，为科学技术发展和人类进步作出较大贡献的人。

上海市科学技术委员会 2002 年发布的《上海市科技紧缺人才预测》科研报告中，将"科技人才"的定义分为广义和狭义两种。从广义上来说，"科技人才"是指与科技活动有关的一切人员，包括不直接从事科技研究活动但对科技研究提供支持和保障的相关人员；而狭义上的"科技人才"是指在科技研究活动中起着核心作用，具有相对较高知识水平和研究经验的科技专门人才。

2. 国外对科技人才的界定

国外相关机构在进行科技人才领域的调查研究、统计分析之前，也同样会明确界定研究对象或研究客体。虽然这些概念界定并不与我国的习惯完全相同地称之为"科技人才"，但就其界定的本质而言，是与我国的科技人才概念相当的。

美国国家科学委员会（NSB）在 2003 年发布的科技人才政策的相关研究报告中，将研究对象界定为"科学与工程劳动力"，包括所有拥有科学与工程技能、具有在此领域就业能力的人员。根据这一定义，持有科学、数学或工程领域学士学位或同等学力的教师，持有科学、工程和技术领域两年制学位和结业证书的相关领域从业人员，以及科学和工程领域的博士后研究人员都可视为科学与工程劳动力。科技人才是一个内涵十分丰富、外延非常广泛的概念。对于科技人才的界定，学术界意见并不统一。从现有的科技人才研究来看，科技人才的界定主要有以下几种观点：

（1）学历观点：科技人才是持有大学以上科技专业学历证书的人才（贺德方，2005）。

（2）职能观点：从事自然科学技术的科技人员（程惠东，1998；赵玉索，2000）。所有正式或非正式从事科技工作并能在其领域作出一定贡献的科技工作者（娄伟，2004）。具有一定专业知识和专门技能，在科学技术的创造、传播、应用和发展中作出积极贡献的人（郭强、张林祥，2005）。

（3）综合观点：经过高等院校培养，或经过专门训练的具有相当科研能力的，具有某种专门知识和才学，具有某种能力和特长的、能够以自己的科研成果为社会经济和发展作出贡献的人（易经章、胡振华，2003）。

（4）细分观点：高层次科技人才（叶忠海，2005）；学科带头人、学术带头人（汲培文，2000；贺绍君等，2004）；青年科技人才（赵玉索，2000；陈韶光等，2001）。

（5）科技人力资源观点：完成大专文化程度教育或大专文化程度以上教育的劳动者，或按联合国教科文组织《国际教育标准分类法》的标准分类，完成第五层次或第五层次以上科技教育的劳动者；虽然不具备上述正式资格，但从事通常需要上述资格的科技职业的人（OECD、Eurostant，1995）。

从上面有关科技人才的观点来看，大多数观点是从科技统计角度出发，从不同角度比较不同国家、地区科技人才的发展情况和趋势，范围主要包括各专业领域的高级学者、专家和知名教授、科学研究人才、工程技术人才、R&D人员、科技教育人才、科技管理人才和经济管理人才等。由于统计角度是从数量和分布的角度来考虑科技人才的情况，并没有具体从科技人才本身的性质和成长的角度系统地进行分析和研究，甚至部分文献对科技人才的界定或避而不谈，或含糊其辞，因此导致科技人才定义的范围过大、过细或界定模糊，对科技人才评价和选拔的客观性、公正性和适用性造成了先天性障碍。

科技人才是科学技术和人才的结合（杜谦、宋卫国，2004）。因此，从广义上讲实际从事或有潜力从事系统性科学和技术知识的产生、促进、传播和应用活动领域作出贡献的人，都应包含在科技人才概念里面（OECD、Eurostant，1995）。但是从科技人才评价对象分析来看，科技人才评价对象应宽窄适中。可将科技人才归纳为三个范围（李思宏、罗瑾琏，2007）：核心人才、延伸人才和潜在人才，构成科技人才的三层梯队（如图1–1）。在三个梯队的基础上，可以有针对性地对每个梯队划分子类或层次，在每个梯队综合分析的基础上，详细分析比较每个子类，可以更好地进行科技人才评价体系的构建和科技人才的培养。

二　科技领军人才的界定

到目前为止，"科技领军人才"尚未有公认定义，不过仍有相当部分的学者对于科技人才之中具有很强的研究能力、发挥领军作用的人才群体做了界定，虽然并不称之为"科技领军人才"，但就其所界定的人才群体范围在"科技人才"这一群体之中的地位和作用而言，与"科技领军人才"是相近和对应的。例如，李晓轩等在《国家自然科学基金对我国青

延伸人才：为科学技术产生、促进、传播和应用活动进行协调和服务的人员，主要包括科技管理人员、科技教育人员、工程技术人员、经济管理人员等中为科技服务的人才。

核心范围：从事科学技术研究的个人及其团队，主要包括科学技术领域的学者、专家、研究人员、科学技术项目负责人等个人和其团队，是科学技术产生、促进、传播和应用的主要人员。

潜在人才：已具备一定素质，准备进入科学技术领域成为核心人才和延伸人才的人才。

图1-1 科技人才的三层梯队

年科技将帅人才成长的作用及相关问题研究》中对"青年科技将帅人才"做了如下界定：具有较深厚的学术造诣、较高的学术威望、较强的创新意识和创新潜力，能够承担或组织重大科研项目，取得被学术同行认可的较高水平的研究成果，对国家科技发展具有战略眼光，能够把握国家科技发展态势的科学家。

因此，科技领军人可以界定为：拥有高端知识水平和丰富研究经验，具有高瞻远瞩的战略眼光、崇高的科学精神和卓越的科研能力，在学科领域内担当领衔角色的核心科技人才，对科技人才建设、科学技术进步和社会经济发展等起着重要的推动作用。

就规模范围而言，科技领军人才是科技人才之中的一部分；就科研水平而言，科技领军人才是科技人才中处于最高端的群体；就科研团队角色而言，科技领军人才是各个学科领域内的领袖型人才。

三 科技人才的特点

科技人才是人力资源中一个富于创造力的特殊群体，区别于普通人才以及劳动力而存在。基于前人的研究归纳，科技人才具有以下几个特点：

（1）巨大的创造性。在传统工业社会中，一个最有效率的工人，或许比一个普通工人的劳动效率高30%—50%，但在信息时代，一个优秀的技术人员或研发人员，能够比一个普通人才多创造500%甚至更多的价值。这是因为在科学技术成为第一生产力的当今时代，劳动的价值更多地体现在智力劳动和创造性劳动。

（2）巨大的难以替代性。在农业社会和传统工业社会，劳动被认为是同质的，劳动力具有很强的替代性。而在信息时代，每一个科技人才特别是高级科技人才个体都是具有特殊才能的。众多的跨越性和突破性的科学进步都源于某些特殊科技人才的特殊创意和特殊才华。

（3）难以监督性。科技人才提供的是大量的创造性劳动，这种劳动是难以监督的。即使具有像人才计划和人才基金的考核评审这样的控制机制存在，在巨大的研发风险面前，如果失败了，也很难判断是由于外界客观因素造成的，还是由于科技人才主观的不负责或不努力造成的。

（4）巨大的影响性。科技人才多采用团队式的工作方式，其中的优秀人才是整个团队的核心，具有较高的科学造诣，并能够协调各方面工作，确保团队有序运行。然而优秀人才一旦流失，不仅会影响团队的工作进程，还将对团队成员造成强烈的心理影响，导致士气低落，甚至带动大批人才流失。

（5）较强的成就动机。努力追求自身价值实现和社会认可，是科技人才区别于普通人才的重要一点。他们具有极强的内驱力，将科学贡献作为自身追求的事业，学术上的创新以及科研成果的推广对于科技人才而言比其他任何利益都更具有吸引力。

第二节　政府科技人才计划

为发挥科技人才在社会经济发展中的突出作用，各级政府都会出台相应的人才计划等政策性措施。本书以上海为例选取了政府科技人才计划进行实证研究。在上海市众多的政府人才计划中，选取了具有代表性的上海市青年科技启明星计划、科技启明星跟踪计划、上海市优秀学科带头人计划和上海市教委曙光计划作为研究对象。这四项人才计划也是实证研究的数据资料来源。

选取政府人才计划的主要标准有：

（1）资助的对象是在所研究领域发挥领军作用的高层次科技人才；

（2）资助的研究领域与入选的科技人才具有相当的覆盖面；

（3）拥有一定的实施年限，已经具有相对成熟稳定的操作模式和经验；

（4）在上海地区具有较大的影响力。

这四个计划对促进科技人才队伍建设和科技人才成长发挥了重要作

用，基本涵盖了科技人才由较高层次向更高层次成长的过程，体现了政府人才计划对科技人才的持续促进作用。

一　上海市青年科技启明星计划

为选拔和培养优秀青年科技人员，加强青年科技人才队伍建设，实现上海科技发展和人才建设目标，上海市科学技术委员会于 1991 年实施了青年科技启明星计划。上海市科委每年从科技发展基金中划出专项经费，以项目扶持的方式，为青年科技人员起步、领衔开展科学技术研究、应用开发、成果转化等工作提供支持，并通过科研实践和其他实践活动，促进优秀青年科技人员脱颖而出，成为学科、技术带头人。

凡符合"具有良好的科研支撑环境、申请的项目有较好的价值、有一定的科研能力等"条件的科技人才均可申请科技启明星计划。上海市科委根据要求对科技人才的申请材料进行审查，并组织专家对入选的申请者及其项目进行评议，以确定是否将其列入启明星计划入选人员名单。之后，市科委通过启明星计划管理信息系统，并会同列入启明星计划人员的依托单位，对入选后的科技人才的发展情况和项目实施情况进行跟踪与检查。科技人才在完成项目后，按规定时间和要求提交项目总结报告等资料，依托单位对其政治思想、工作能力、科研成果、职业道德等方面进行综合评价，并报送市科委验收。每年资助人数从设立之初的 30 名左右发展到目前的 60 名左右。除了对入选的启明星学者提供经费资助外，市科委牵头成立了"科技启明星联谊会"，以促进启明星的学术研讨和联谊交流，并创造科技考察、院士讲座、项目合作机会和重大项目中标机会等积极条件，推动启明星的快速成长成熟。对取得较好成果并有发展前景的启明星计划完成者，在资助期结束后的三年内，市科委将予以跟踪资助。此外，市科委每两年还组织一次"优秀启明星"评选活动，以及其他形式的表彰和奖励。

二　上海市科技启明星跟踪计划

启明星跟踪计划于 1993 年由上海市科委颁布实施，是在启明星计划完成的基础上，根据启明星计划执行过程中突显出来的具有更优秀科研能力及科研组织能力者给予进一步资助，以促进青年科技人才的持续成长，着眼于科技领军人才队伍建设。

启明星跟踪计划是在科技人才完成启明星计划后的 3 年内提出申请，由市科委组织专家评审，并公布评审结果，以确定是否对启明星提供跟踪支持，每年约选拔资助 10 名。

三　上海市优秀学科带头人计划

为实现上海市科技发展的总体目标，培养和选拔一批进入世界科技前沿的学科和顶级带头人，上海市科学技术委员会特设立上海市优秀学科带头人计划。优秀学科带头人是指在某一学科、专业技术领域取得过具有国际水平的研究成果；或对本学科以及相关学科领域发展有较大影响，被国内外同行公认有创新性的成果或业绩者；或掌握某一学科、专业技术领域能促进高新技术产业化的关键技术，并对上海市经济和社会发展做出突出贡献者。优秀学科带头人计划是上海市科技人才培养工程的重要环节，是构筑上海市人才高地的重要举措，是实施建设上海市高素质科研梯队等人才工作计划的基础。该计划 1995 年由上海市科委开始颁布实施。

科技人才以项目的形式申报优秀学科带头人计划后，依托单位对申请者进行审核并择优推荐，市科委组织专家评审遴选以确定是否将其列入优秀学科带头人计划名单。入选者将获得专项经费资助，资助期限一般为两年。市科委与受资助者所在单位签订合同，并对资助项目进行跟踪管理。在资助期结束后的三个月内，受资助者所在单位将经费使用情况表和项目工作总结报告报送市科委验收，市科委对于取得较好成果者予以表彰和奖励。

四　上海市教委曙光计划

曙光计划面向上海市高校，旨在通过科研项目的支持，继而带动人才培养，使青年教师不仅成为高校学术带头人，而且创造一批高质量的科研成果。该计划于 1995 年开始实施，由上海市教育发展基金会、上海市教育委员会共同资助。每年约选拔资助 50 名。

2002 年，曙光计划有了新的拓展，启动了"三优工程"：实施曙光优秀学者跟踪计划、评选优秀曙光学者、表彰优秀组织单位。

凡具备一定的科研工作经历、活跃的学术思想和研究思路等条件的学校重点培养对象均可申请曙光计划，列入曙光计划的科技人才将获得经费资助。在项目结束后，对于成绩出众者，曙光计划将提供后续支持：对完成曙光项目后获得市、部二等奖以上的部分优秀学者将予以跟踪支持；对完成曙光项目后取得优异成绩者或受到国家、社会较高荣誉称号者予以奖励；对曙光计划实施过程中在管理上取得较大业绩的学校科研处给予表彰。

五　各类人才计划资助数量统计

表1-1　　　　　　　　　政府人才计划历年资助人才数量

年份　　人才计划	上海市青年科技启明星计划（项）	上海市科技启明星跟踪计划（项）	上海市优秀学科带头人计划（项）	上海市教委曙光计划（项）
1991	36	—	—	—
1992	33	—	—	—
1993	33	9	—	—
1994	34	8	—	—
1995	36	11	30	19
1996	40	9	20	29
1997	42	10	30	35
1998	45	12	25	48
1999	47	12	31	48
2000	56	12	30	48
2001	53	11	暂停	53
2002	60	14	暂停	49
2003	70	15	20	53

资料来源：上海市科委、上海市教委。

第二章　科技人才团队角色分析

当今科学技术学科间的交叉性、渗透性和综合性日益明显。客观上要求不同学科、不同领域科技人才聚集在一起联合攻关，各取所长，互补所短，良好科研团队的协作是推进科学发展和技术进步的最好途径。"核心人才＋外围人员"的运作模式已成为现在科技研究的重要模式。鉴于科研团队在国家创新体系中所具有的特殊地位，教育部的"长江学者和创新团队计划"和国家自然科学基金委的"创新研究群体科学基金"等都旨在充分发挥优秀人才的综合优势，充分发挥优秀人才的群体力量，以推动科学技术水平的发展。

第一节　科技人才特质要素的研究设计

一　调查问卷设计

本部分的研究对象为科技人才的核心层面，在此基础上，根据上海科委具体实施的基金资助和人才计划，具体将科技人才的核心分为三个层次：学科带头人、重大课题负责人（A层），重点课题负责人、启明星跟踪（B层），启明星（C层），将接受以上资助并于2004—2006年结题的科技人才作为我们的调研对象并进行问卷调查。

调查问卷设计主要有三个原则：

一是调研数据的充实性，即保证调研问卷的所获得数据信息是研究所需的。

二是问卷内容的理论依据性，即保证问卷的设计具有理论基础，而不是凭空想象。

三是调研问卷的信效度，即问卷的设计保证理论研究所需的信效度水平。

基于以上原则，问卷的结构主要包括三大方面：

（1）基本信息：主要是对被调研者基本信息的收集，用来确定被调研者的样本分布情况，进而验证样本的代表性。具体包括被调研者的性别、年龄、单位性质、职称等级、导师层次、学历。

（2）项目信息（资助效益信息）：科技人才评价应从科技人才自身特征和科技绩效两个维度出发进行分解和拓展。此部分就是对科技绩效的相关信息进行收集。具体将资助效益分为两个部分：

一是科研成果效益，主要包括资助前和期间的项目、论文、著作和专利情况；

二是人才成长效益，主要包括资助期间的人才培养、学术交流和奖励情况。

（3）个人特质信息：主要是对人才自身特质相关信息的收集。考虑科技人才成长性、科技评价的个体性和科研活动的团队性，个人特质信息具体包括五个方面：

价值观：分析科技人才价值观类型与价值观结构；

道德：分析科技人才道德判断理论与结构；

人格：分析与科技人才资助效果相关联的人格要素特征；

团队：分析科技人才在团队的角色以及特征；

自我定位与自我推动：分析科技人才自我发展特征要素，主要通过人格复合因子和次级因子进行分析。

内容主要借鉴了价值观、道德、人格、团队相关研究中比较成熟的量表［在科技人才特质分析一章（第六章）中详细阐述］，保证研究的信度和效度，在计量上，主要采用李克特的7点计量法。

问卷主要由基本信息和科技人才特质要素信息两部分组成：

（1）基本信息：主要是对被调研者基本信息的收集，用来确定被调研者的样本分布情况，近而验证样本的代表性。具体包括被调研者的性别、年龄、单位性质、职称等级、导师层次、学历。

（2）内在特质要素信息：主要是对人才自身特质相关信息的收集，主要是利用贝尔宾的团队角色测验量表，获取被调查者在科研团队中的角色判断。保证研究的信度和效度，在计量上，主要采用李克特的7点计量法。

二 样本分布与信度分析

本篇研究对象为科技人才的核心层面，在此基础上，根据上海市科委具体实施的基金资助和人才计划，具体将科技人才的核心分为三个层次：学科带头人、重大课题负责人（A层），重点课题负责人、启明星跟踪（B层），启明星（C层），将接受以上资助并于2004—2006年结题的科技人才作为我们的调研对象并进行问卷调查。其中问卷发放600余份，回收问卷202份，其中有效问卷175份，具体样本分布基本符合上海资助群体总体分布（见表2－1）。

表2－1 调研对象样本分布

统计内容		样本数（份）	累积数（%）
性别	男	165	81.7
	女	36	17.8
	缺失	1	0.5
	合计	202	100.0
年龄	35周岁以下	27	13.4
	35—50周岁	142	70.3
	50周岁以上	31	15.3
	缺失	2	1.0
	合计	202	100.0
单位性质	高校	144	71.3
	科研机构	44	21.8
	其他	13	6.4
	缺失	1	0.5
	合计	202	100.0
职称等级	正高级	150	74.3
	副高级	49	24.3
	中级	2	1.0
	缺失	1	0.5
	合计	202	100.0
最高学历	本科	13	6.4
	硕士	13	6.4
	博士（后）	174	86.1
	缺失	2	1.0
	合计	202	100.0
导师层次	博士生导师	138	68.3
	硕士生导师	54	26.7
	其他	9	4.5
	缺失	1	0.5
	合计	202	100.0

续表

统计内容		样本数（份）	累积数（%）
层次	A 层	39	19.3
	B 层	79	39.1
	C 层	84	41.6
	合计	202	100.0

从信度分析来看，整体、价值观、道德的信度都在 0.9 左右，达到研究的要求，而人格信度稍低，但在可以接受的范围（见表 2 - 2）。

表 2 - 2　　　　　　　　问卷信度分析

内容 \ 层次	整体	价值观	道德	人格
A 层	0.935	0.944	0.911	0.695
B 层	0.906	0.888	0.893	0.678
C 层	0.896	0.882	0.873	0.605
总体	0.910	0.903	0.887	0.649

三　研究方法

1. 直观判断：根据被测者对内在特质要素测试条目的认同和判断程度，对于认同强弱的要素，探析其不同特质要素重要程度排序；对于判断符合程度的特质要素，分析其均值的差异大小。

2. 层次差异性检验：根据被测者对特质要素测试条目的认同和判断程度，利用多独立样本的非参数检验方法，研究不同层次的科技人才对于内在特质要素的认同和判断程度的差异性。

3. 随机分组差异性检验：将被测群体随机分成两组（随机分组两次），根据被测者对特质要素测试条目的认同和判断程度，利用两独立样本非参数检验的方法，研究随机分组的科技人才对于印象要素的认同和判断程度的差异性。

第二节　科技人才团队角色分析

高校科研团队是由以科技创新为目的，围绕共同愿景，为共同科研目的相互承担责任的若干技能互补的科技研发人员组成。它具有一般团队的目标共同性、知识共享性、利益依存性等特征。同时，在科研团队中一个重要因素是领导，尤其是学科带头人、学术带头人、项目负责人在团队中的作用。这就涉及科技人才的团队角色问题。

剑桥产业培训研究部前主任贝尔宾的团队角色理论，为研究科技人才的团队角色提供了理论支持和研究方法。他定义了具有特定性格特征和能力的成员，及其为团队所作出的贡献，团队的成功依赖于这些成员的组合模式以及他们履行职责的情况。团队的构成实际上是一个平衡问题。团队需要的不是一个个平衡的个体，而是能够在组合以后平衡的一群人，一个成功团队首先应该是行政者、信息者、协调者、监督者、推动者、凝聚者、创新者和完美主义者等角色的综合平衡。组建团队时，应该充分认识到各个角色的基本特征，容人短处，用人所长，异质性、多样性使整个团队生机勃勃，充满活力，主动实现团队角色的转换，使团队的气质结构从整体上趋于合理。但是科研团队在团队目标、团队的构成、团队结构等许多方面不同于企业团队，科研团队具有自己的特点，尤其是学科带头人、项目负责人在一个团队的角色作用绝不仅仅局限于某一种角色。

我们利用贝尔宾的团队角色测验，将行政者、信息者、协调者、监督者、推动者、凝聚者、创新者作为主要的研究角色，探析科技人才在科研团队中的角色作用。

一 科研团队不同角色均值分析

表 2-3　　　　　　　　　科技人才团队角色因素均值分析

团队角色描述	整体	层次 A	层次 B	层次 C
行政者积极特征	6.157592	6.342857	6.08	6.149383
协调者积极特征	5.677487	6	5.64	5.607407
监督者积极特征	5.655497	5.8	5.64	5.57284
协调者能容忍特征	5.554974	5.771429	5.56	5.45679
推进者积极特征	5.353403	5.6	5.413333	5.365432
创新者能容忍特征	5.348691	5.428571	5.293333	5.296296
凝聚者积极特征	5.256545	5.428571	5.133333	5.191358
监督者能容忍特征	5.104188	5.371429	5.093333	4.998765
推进者能容忍特征	4.924084	5.114286	4.96	4.907407
信息者积极特征	4.82199	5.057143	4.853333	4.8
创新者积极特征	4.790576	4.971429	4.733333	4.728395

续表

团队角色描述	整体	层次 A	层次 B	层次 C
凝聚者能容忍特征	4.705759	4.6	4.653333	4.62963
信息者能容忍特征	3.589005	3.485714	3.64	3.58642
行政者能容忍特征	2.844503	2.685714	2.84	2.917284

表2-4　　　　　　　科技人才团队角色因素层次差异性分析

团队角色描述	秩和检验	均值	Jonckheere - Terpstra
行政者积极特征	0.724797	0.885358	0.841905
行政者能容忍特征	0.871231	0.779793	0.616216
协调者积极特征	0.077373	0.311563	0.035556
协调者能容忍特征	0.410319	0.552679	0.220444
推进者积极特征	0.193378	0.182688	0.072433
推进者能容忍特征	0.776453	0.441177	0.852468
创新者积极特征	0.379144	0.54995	0.240361
创新者能容忍特征	0.888595	0.786771	0.85022
信息者积极特征	0.508317	0.836186	0.282392
信息者能容忍特征	0.783857	0.399468	0.745542
监督者积极特征	0.602061	0.784541	0.442524
监督者能容忍特征	0.461929	0.470437	0.264886
凝聚者积极特征	0.427184	0.624944	0.831555
凝聚者能容忍特征	0.537848	0.539039	0.270095

从团队角色描述的均值分析（见表2-3）和层次差异性分析（见表2-4）来看，各层次均值基本一致，差异性表现并不明显，即各层次的科技人才对于科技人才在科研团队角色描述的认同大致相同。

表2-5　　　　　　　科技人才团队角色因素排序分析

团队描述	整体	层次 A	层次 B	层次 C
行政者积极特征	1	1	1	1
协调者积极特征	2	2	2	2
监督者积极特征	3	3	3	3
协调者能容忍特征	4	4	4	4
推进者积极特征	5	5	5	5
创新者能容忍特征	6	6	6	6
凝聚者积极特征	7	7	7	7
监督者能容忍特征	8	8	8	8

续表

团队描述	整体	层次 A	层次 B	层次 C
推进者能容忍特征	9	9	9	9
信息者积极特征	10	10	10	10
创新者积极特征	11	11	11	11
凝聚者能容忍特征	12	12	12	12
信息者能容忍特征	13	13	13	13
行政者能容忍特征	14	14	14	14

从团队角色描述具体排序（见表 2-5）来看，科技人才对于行政者的积极特征、协调者特征、监督者的特征比较认同，而且各个角色层次间的排序都是相同的。一些共同认同的团队角色特征的强弱程度影响到科技人才的资助效益。

二 科研团队角色关联分析

表 2-6　　　　　　　　科技人才团队角色与资助效果相关性分析

团队描述	立项	资助	人才成长	累积	综合
行政者积极特征	-0.007	0.025	0.082	0.012	0.025
行政者能容忍特征	0.011	-0.100	-0.176（*）	-0.043	-0.077
协调者积极特征	0.245（**）	0.317（**）	0.196（**）	0.313（**）	0.298（**）
协调者能容忍特征	0.288（**）	0.200（**）	0.186（*）	0.283（**）	0.255（**）
推进者积极特征	0.266（**）	0.315（**）	0.179（*）	0.315（**）	0.293（**）
推进者能容忍特征	0.032	0.100	-0.003	0.046	0.014
创新者积极特征	0.244（**）	0.160（*）	0.285（**）	0.232（**）	0.267（**）
创新者能容忍特征	0.039	0.139	0.106	0.090	0.101
信息者积极特征	0.063	0.217（**）	0.209（**）	0.148（*）	0.178（*）
信息者能容忍特征	-0.077	0.066	-0.028	-0.018	-0.029
监督者积极特征	0.086	0.203（**）	0.179（*）	0.152（*）	0.178（*）
监督者能容忍特征	0.117	0.278（**）	0.296（**）	0.219（**）	0.279（**）
凝聚者积极特征	0.062	0.183（*）	0.212（**）	0.122	0.168（*）
凝聚者能容忍特征	0.020	0.110	-0.047	0.051	0.013

注：**代表显著性水平在 0.01 置信区间的双边检验相关性，*代表显著水平在 0.05 置信区间的双边检验相关性。

从科研团队角色与资助效果的关联性来看（见表2-6），与资助相关的有协调者的积极特征和能容忍特征、监督者的积极特征和能容忍特征、推进者的积极特征、创新者的积极特征、凝聚者的积极特征和信息者的积极特征等八个方面的团队角色因素。因此，科技人才的团队角色是一个复杂混合角色。为了更清楚地理解科技人才的团队角色，笔者对这八个方面进行了因子分析。

表2-7 科技人才团队角色因素因子分析

	混合协调角色因子	混合监督角色因子	信息角色因子
协调者积极特征	0.578	0.446	0.050
协调者能容忍特征	0.813	0.302	0.098
推进者积极特征	0.735	0.097	0.397
创新者积极特征	0.812	0.114	0.118
监督者积极特征	0.322	0.693	-0.209
监督者能容忍特征	0.093	0.777	0.350
凝聚者积极特征	0.193	0.772	0.331
信息者积极特征	0.262	0.203	0.907

从因子分析（见表2-7）可以看出，科技人才的团队角色主要有三方面特征，一是混合协调因子特征——沉着自信、有控制局面的能力，思维敏捷，但在智能以及创造力方面并非超常。具体表现为可以明确团队的目标和方向，需要决策的问题，确定团队中的角色分工、责任和工作界限，寻找和发现团队讨论中可能的方案，团队达成一致意见，并及时对已经形成的行动方案提出新看法。二是混合监督者因子特征——鼓动和激发他人的能力，有适应周围环境以及人的能力，促进团队合作，但是有时过于实际，优柔寡断。在团队里表现为对繁杂材料予以简化，并澄清模糊不清的问题，给予他人支持，并帮助别人，采取行动扭转或克服团队中的分歧。三是信息角色因子，不断探索新事物，勇于迎接新挑战，但有时时过境迁，兴趣易转移。具体表现为及时提出建议，并引入外部信息，接触持有其他观点的个体或群体。

第三章 科技人才团队成长需求
维度与需求要素

第一节 成长的相关理论分析

一 个人成长理论

1. 个人成长理论的基本问题

现有的人类成长理论主要源于西方，基本都是结构主义的发生学观点，即假定个人的主观认知能力和情感体验能力是在一定社会环境的作用下，主体的内在结构发生成长，逐步成熟稳定，比如行为学习理论、认知学习理论等都是此逻辑，这里面包含人类成长中三个基本问题的对立和融合（见表3-1）：

表3-1 人类成长理论三个基本问题

理论	有机论与机械论	成长的连续性与阶段性	智力与非智力
心理分析论	有机论：由相互作用要素而构成的整体决定	阶段性：强调性心理发展和心理社会发展阶段	强调二者，实践引导并控制人类的本能冲动
行为主义学习论	机械论：刺激和行为反应之间建立联系的结果	连续性：随着年龄增长学到行为的数量增加	强调非智力：条件反射和模式化的学习原理
认知主义学习理论	有机论：认知结构决定人类对周围世界的理解，人类积极地建构他们的知识 （信息加工学习论）有机论和机械论：积极的信息加工结构加上机械的输入刺激和输出行为导致发展	阶段性：强调认知发展的阶段 （信息加工学习论）连续性：随着年龄增长，知觉、注意、记忆解决问题技能的数量增加，导致发展	强调二者：既强调内在的探索世界的内部动力，也强调必须得到环境的支持 （信息加工学习论）强调二者，人类的成熟和学习机会的多少决定信息加工技能的获得

续表

理论	有机论与机械论	成长的连续性与阶段性	智力与非智力
动物行为学理论（行为生态学）	有机论：天生就生物性地准备好接受社会符号，以积极地为生存而努力	连续性和阶段性：适应行为类型的数量随年龄增长而增加，同时也强调短暂的敏感期的突然出现，它导致能力和行为的质变	强调二者，强调具有生物基础的行为方式，但必须有适当的刺激环境来激发之，学习可以促进行为的适应性
社会生态学理论	有机论：人是不断成长的、积极主动的，环境的特性也是不断变化的，特别是受环境所处的大环境——历史文化因素的制约	未有论述	强调二者，自身特征与别人的反应双向地互相影响，环境的层次影响着人类成长

现有的个体成长理论观点既有对立的一面，也有融合的一面，它们之间的边界并不清晰，只不过是各自理论所关注和阐述的重点不同而已。但是综合上述理论，我们可清楚感受到人类成长的前提条件和两个主要因素：学习因素、文化因素。

2. 人类成长是主动学习的过程

成熟势力学说代表人物格塞尔（A. Gesell）认为个体的生理和心理发展，都是按基因规定的顺序有规则、有次序地进行的。成熟是推动人类发展的主要原动力，人类生理结构的变化按生物的规律逐步成熟，没有足够的成熟，就没有真正的发展与变化；脱离了成熟的条件，学习本身并不推动发展。在成熟之前，人类处于学习准备状态，只要准备好了，学习就会发生，在内心经过积极的组织，从而形成和发展认知结构的过程。人类在发展过程每个阶段都有不同的认知结构在选择，而且在某一阶段只是某种认知结构占主导地位。

但是在我们关注人类的基因、智力等生物基础的同时，更引起我们关注的是在人类成长的进程中所表现出的极强自我调节行为。无论是简单机械的刺激反应行为，还是复杂的认知结构构建行为、知识结构构建行为、信息加工行为，都说明成长背后的假设是人类具有适应性学习性行为。人类的内在认知结构的发展是在具体情境中，逐步由低级结构向高级结构转换，供个体自我组织成自己的新的内在认知结构。认知结构的转换不是简单线性的，而是具有倒退、波动和反复等发展特点，而且这正是成长的真正特征。这些特征具有自己的发展性功能，可以促进个体在一个低水平重新组织和建立自己的认知框架单元，进而组织到比以往更高的认知结构中来。人类在成长过程中的某个时期会实现跳跃性进步，是人类成长阶段性划分的主要标志。而这些跳跃性进步往往表现为人的智力因素，如心理、认知结构等。这些阶段的划分往往带有浓厚的学术色彩，即人类成长阶段是根据研究者所关注和阐述重点不同而划分的。因此人类成长的阶段并不是机械的阶段论，而是存在着以阶段论为基础的演化。成长阶段并没有唯一的划分标准，而且阶段间也没有明确界限。

人类的成长伴随着人类解决问题技能的数量和适应行为类型的数量的增加。人是主动参加获得知识的过程，是主动对进入感官的信息进行选择、转换、存储和应用的，也就是说人是积极主动地选择知识的，是记住知识和改造知识的学习者，而不是一个知识的被动接受者，在这个过程中伴随着复杂的情感过程和心理过程。关注人类成长的价值不在于认知能力的高低，而在于学习意义的创造，因为很难找到统一的认知水平的评价标准。我们不否认理性主义成熟学说的意义，把诸如智力、认知、心理等分离出来进行研究，发现它们的发展阶段，但是我们更主张要把它放回到具体情景当中。只有使智力因素与非智力因素紧密结合，才能使学习达到预期的目的，我们才能真正欣赏到不同群体个别化的差异性以及其独特价值。

3. 人类成长是一定文化情境下的成长

在我们关注人类的基因、智力等生物基础的同时，更值得引起研究者关注的是在人类成长的进程中，所表现出的人类具有适应性学习性行为。因此，在人类成长的研究中也出现了两个趋势：一是重新认识在行为主义、认知主义的科学和实证的旗帜下，被忽略的人的心理积极建构和对环境主动适应问题。行为学习中的社会学习理论和认知学习论中的建构主义是典型的代表。二是注重社会文化对学习的影响。维果茨基的研究被重新发现和认知，并在此基础上形成了学习的文化观。学习的文化观，代表了成长与学习理论发展的一个重要的趋势。回顾人类成长的相关研究和理论，我们可以发现，对学习的文化观的重视也从来没有停止过。班杜拉（A. Bandura）的社会学习理论，布鲁纳（Bruner, 1990, 1996）和皮亚杰

（J. Piaget）的相关理论都有涉及，至于社会生态学理论就更不必说。在有关人类成长的论述中大多都会涉及学习与文化这一问题，直接或间接，不同角度会有不同解答。

（1）文化是心理发展的源泉

维果茨基是这一论点的开拓者和启迪者，他探讨了人类的成长实质。他认为人类的成长是在环境与教育影响下，在低级心理机能的基础上，逐渐向高级的心理机能转化的过程。于是他提出了社会文化理论。他始终关注人的心理机能是如何由其历史、文化和机制情境塑造的（Wilson & Keil, 1999）。他采用发生学的方法，提出要通过探讨心理机能的起源和在发展过程中经历的转变来理解心理机能。

维果茨基在分析心理机能由低级向高级发展的原因时总结了三点：一是心理机能起源于社会文化历史的发展，受社会规律所制约；二是从人类成长来看，人类交往过程中通过掌握高级的心理机能工具——语言、符号这一中介（mediation）环节，使其在低级心理机能基础上形成了各种新质心理机能；三是高级心理机能是不断内化的结果。他提出（维果茨基，1994）心理发展的高级机能，是人类物质产生过程中发生的人与人之间的关系和社会文化——历史发展的产物；后续的社会建构论、社会文化认知观、社会建构主义等，也深受维果茨基的影响（Steffe and Gale, 1995）。在对对象的知识等侧面的探讨中，都可以而且已经从维果茨基学派的思想中得到许多借鉴（高文，2001、2002；Wilson & Keil, 1999；Gaser, 2000）。

（2）学习主体人类的文化性

文化是人类的灵魂，是其赖以生存和延续的基础。文化的存在是人类文明的重要特征。只有尊重文化，才能使人类文明得以发展。作为文化的载体，人类在成长时所承载的社会文化因素对学习本身会有影响。而对学习者的社会性揭示，旨在探究人类所承载的这些积淀是如何影响了其学习的方式和效果。人类的心理功能就其本质而言是镶嵌在文化的、历史的和制度的情境脉络之中的，比如不同的国家在解决相同问题方面却表现不同。也就说，在不同的文化条件下，人类认知世界的方式并不相同，主要表现在：

文化包括知识、信仰、艺术、法律、道德、习俗以及其他作为一个社会成员所必须具有的能力和习惯的总和（Tyler, 1871）。

文化有满足人类需要的功能，强调文化最终应满足个体需要（Bronislaw Malinowski，1918）。

文化是具体社会环境中人的需求，而对这种需求的认识是我们了解社会不同习俗与社会组织起源的关键之所在（A. R. Radcliffe - Brown，1958）。

人们都具有一些特定的人格特征，而这些特征在其文化中占有特殊支配地位。文化与个人心理有密切关系，因而人类学家有可能按照人类不同群体心理的归类对文化进行分类（Ruth Benedict，1934）。

衡量文化没有普遍绝对的评判标准，因为任何一个文化都有其存在价值，每个文化的独特之处都不会相同，每个民族都有自己的尊严和价值观，各族文化没有优劣、高低之分；一切评价标准都是相对的（Franz Boas，1940）。

人类是环境中的信息探测者，是有意图的行动者。感知和行动的条件是环境本身具有给养作用，学习者又具有从这种环境中探测信息和采取行动的能力。进一步思考可以得出结论，不同环境给养了不同的行动能力和行动方式，从而形成了不同文化（Young，Barab and Garrett，In：Jonassen & Land，2000；Sperber & Hirschfeld，In：Wilson & Keil，1999）。

文化差异不是生物差异的结果，而是在共同生物条件下各不相同的认知造成的，在不同历史和生态条件下，各不相同的认知使得这种文化上的差异成为可能（Sperber & Hirschfeld，In：Wilson & Keil，1999）。

（3）学习主要对象知识的文化性

每一个社会都会有与其相适应的文化，并随着社会物质生产的发展而发展。作为意识形态的文化也泛指一般知识。知识与文化互为表里，知识是文化的基础和表现形式。人们在学习知识的过程中潜移默化地接受文化的熏陶。只有在文化背景下我们才真正认识和理解知识，知识才会成为有生命和灵魂的东西。同时文化以知识的形式表现出来，人们以知识为载体来理解和掌握文化。文化的核心是人们在长期的认识过程中沉积下来的思维方式和价值观。对于知识的文化性，我们可从知识生产过程、知识存在形式两个方面来看。

知识生产过程的社会性。知识是制造出来的（Knorr Cetina，2001），知识既不像经验论者所言主要来自于结构的客观世界，也不像皮亚杰所说主要是主体对于客体世界积极作用的结果，而是要从主体所处文化的社会

史和物质史探究知识来源（Case，1996）；包括自然科学和社会科学知识
在内的所有各种人类知识，都处于一定的社会建构过程的信念之中；所有
这些信念都是相对的、由社会决定的，要受到社会因素如环境、文化的影
响和制约，都是处于一定社会情境之中的人们进行协商的结果（D. Bloor，
2001；B. Barnes，2001）。知识或某种知识的发展需要一定的社会条件。
需要说明的是，论述知识产生的文化性，并不是说这一过程本身与个人无
关。恰恰相反，新知识的产生，很大一部分是从事认识和探究活动的个体
进行心智活动的结果，个人的心智活动是在特定文化情境中进行的。如果
我们将知识的外延拓展开来，地方性知识、常识、风俗、习惯等更明显是
区域文化的特点，就连其存在形式也是分布于区域之中，而未必以书面文
字形式呈现（石中英，2001）。社会制度方面的许多知识，尤其是与日常
生活密切相关的风俗习惯等亦如此。

　　无论是科学家创造的知识，还是在生活中逐步产生、积累起来的知
识，得以流传和保存下来的知识都是社会选择和文化传承的结果。无论是
编码的、明确的知识还是具有民间性的知识，都是特定文化有意识和无意
识选择的体现。这些经有意或无意选择产生的知识，通常都是以语言
（包括书面语言和口头语言）、文字、符号等形式存在的，因而更具有明
确的文化性。

　　（4）学习过程的文化性

　　学习本身即是一种社会活动，在整个过程中，人类并不是处于一种受
动状态，而一直是实践活动的参与者，并在一个具体的情境化实践中经历
了从边缘到中心的转化。在学习过程中，学习者不仅处于一个学习情境
中，更处于一个更为广阔的文化中，人类在具体的情境中，在人与人的共
同生活中找到自己的位置，同时，人与人交往和共同生活的过程本身，也
具有教育作用。而在文化发达的社会里，很多必须学习的东西都储存在符
号、文字、语言等中，对学习过程文化性的重视，旨在恢复学习过程中不
同认知主体的交互与协作对于知识建构的重要作用，重建学习共同体，回
复学习过程的社会实践性质。

　　学习作为一种交互活动，参与人包括家人、老师、同事、专家等社会
成员，交流和对话存在于家人之间、师生之间、同事之间、与其他社会成
员之间。在传播的过程中，信息与知识是传播对象，作为信息与知识的持
有者，需要将他们传递给所需的人，我们作为接受者，分步来接受信息与

知识。而且信息与知识的选择、意义、传递方式等都是知识传递者预先设定的。在这种交互过程中，有了人的参与、有了对信息与知识不同解读间的交流与碰撞（Wertsch & Toma，1995），接受者同样会把自己的话语和他人的话语作为思考工具，而不是作为信息来接受、编码和存储。他们对这些话语采取积极态度，质疑、扩展话语，把它们合并进自己的外部和内部的话语体系。

学习过程的文化性还体现在将学习置于一种情境中，使其成为真实的社会实践活动。人类行为是社会性、介入性和情境化（从社会和物质两个方面看）的活动，出现于特定的文化之中，而不是抽象的、脱离情境的、意图笼统的逻辑推理过程（Smith C. B.，1999）。"个体心理通常是在塑造、指导和支持认知过程的环境中发生的"，这种学习是"物理的或基于任务的（包括了人工制品或信息的外部表征），是环境的或生态的（如工作场和市场），是社会性的或交互性的（如教育教学或临床场境）。"其中，"社会环境对于认知施加影响的途径主要是他人的心理活动会产生影响、帮助、误导、示范、质疑和提出其他观点的作用"（Seifert C. M.，1999）。

二　组织与团队成长理论

1. 组织成长理论存在的两个问题

综合来看，现有的组织成长理论存在两个问题：

一是组织的成长过程是诸多因素共同作用的结果，要受企业内外诸多因素的影响。显然，有关组织成长的诸理论都能较好地描述组织成长逻辑的某个方面，但未能全面揭示和描述组织成长的整体逻辑，也无法单独提供一个企业成长的综合图式。如何提供一个合适角度并以简单方式来融合不同成长理论，是要解决的问题之一。

二是由于企业是现有经济中最重要的一种经济形式，现有组织的成长理论主要的研究对象是企业。但由于企业的经济性，决定了企业与其他类型的组织在成长上并不相同，所以如何将企业成长的相关理论延伸到一般性组织是要解决的第二个问题。

2. 个人成长理论与组织团队成长理论逻辑脉络的相似性

综合人类成长理论和组织成长理论，我们可以发现人类成长理论逻辑脉络和组织成长理论的逻辑脉络具有相似性。

从图3－1可以看出，人类成长理论和组织成长理论逻辑的相似性存在于以下几个方面：

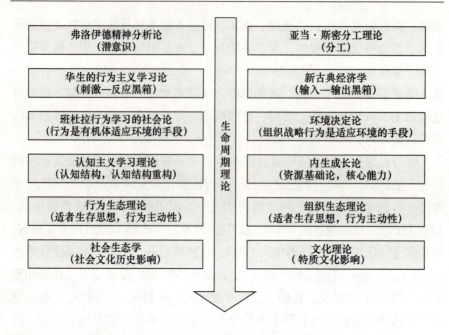

图3-1 个人成长理论与组织成长理论逻辑脉络的相似性

（1）内容逻辑的相似性

弗洛伊德精神分析论认为，潜意识是人类意识之外的心理活动。人生来就有追求快乐的本能，但却为社会规范所不容，从而被排入意识阈以下，即潜意识。由于潜意识不自觉地积极活动，构成了人的行为背后的内驱力。同样，亚当·斯密认为企业的成长是由市场和分工决定的，而这些机制是企业成长背后的内驱力。

华生的行为主义学习论把人类的成长看作是刺激—反应不断适应性学习的"黑箱"，通过刺激可以预测反应，通过反应可以推测刺激，较复杂的行为形式可能包含一个刺激复合而不是一个单项刺激。古典经济学将组织的成长看作是"输入—输出"的"黑箱"，作为一个生产函数，通过不同生产要素的组合达到最优。

班杜拉的行为学习社会论认为，行为是有机体适应环境的手段，观察学习是一种普遍的、有效的学习。观察学习是经由对他人的行为及其强化性结果的观察。一个人获得某些新的反应，或现存的反应特点得到矫正，个体的行为会随着情境的不同而变化，不存在特质理论所预言的两种一致性。环境决定论认为，组织战略行为是适应环境的手段，追求自身的生存与发展企业的战略行为，是对环境的适应过程及由此导致的企业内部结构化的过程，通过对企业的一般环境和特殊环境分析，来选择和改变战略行为。

认知主义学习论认为，学习是面对当前问题情境，在内心经过积极组织，从而形成和发展认知结构的过程。其强调刺激—反应之间的联系是以意识为中介的，认知结构形成及其重构对于人类发展有重要意义。内生成长论则侧重于从组织资源及其差异性出发，来分析组织竞争优势的根源与组织成长的内在逻辑，认为企业内部资源对企业获取持续竞争优势、推动组织持续成长，具有重要意义。

动物行为生态理论重视生物学及进化论对人类发展的影响，从人类与其参与构成的生态系统之间的相互关系来讨论人类成长。其不仅强调人类的内部（基因），还强调人所处环境的影响，以及关键时期对其发展的影响，而利他行为一定有直接的个人或社会动因，受制于社会环境条件。组织生态学从组织与由其参与构成的生态环境系统间相互关系的角度，考察组织的成长逻辑，不同组织所构成的种群之间彼此相互作用。组织活动中，资源、能力或知识在组织的分工协作过程中表现为具体惯例，而这种惯例类似人类的基因，环境对组织引诱和刺激，然后再通过比较、选择、保留和同化等多种作用，促使组织完成进化的整个过程。

社会生态学从微观到宏观不同层次地来研究环境的系统性对人类发展的作用。环境和文化不是分离的领域，它们相互定义对方强调文化对人类发展的影响，以及在人类的成长过程中凝结着人类的间接经验——社会文化知识经验。这就使人类的心理发展规律不再受生物进化规律所制约，而受社会历史发展的规律所制约。人类的成长是人类物质生产过程中发生的人与人之间的关系和社会文化——历史发展的产物。组织的文化理论强调企业不仅具有经济性质、生命性质，更具有文化性质。组织成长过程中会形成一套群体思维方式，及由群体思维方式所支配的群体行为规范与行为方式。而真正决定企业异质性的因素是以独特企业价值观为核心的企业文化。

（2）过程逻辑的相似性

从简单的机械论向复杂的有机论，以及人类成长和组织成长理论的演化，都是从简单的意识与行为开始向复杂的意识与行为演进。人类成长理论中，从简单的心理分析和刺激—反应行为，到人类的认知结构，再到复杂的人类与环境的互动行为,图示了人类成长理论研究,从简单机械到复杂有机的演化;而在组织成长理论中,从简单的分工思想的输入—输出行为,到组织内特有的资源结构,再到复杂的组织与环境的互动行为,与人类的成长理论的演化有着一定的相似性。

从封闭的"黑箱"到开放的复杂系统,人类成长研究和组织成长研究开始都是从解决未知的"黑箱"开始。从简单的输入—输出,而探寻输入—输出转化机制,逐步打开"黑箱",并逐步将独立的"黑箱"放到特定的情境中,探寻其与周围其他因素之间的关系,并逐步形成系统的思想。

3. 组织成长是一个生命有机体的学习过程

为什么人类的成长理论与组织成长理论在内容逻辑和过程逻辑上具有相似性?这个问题说明了什么?如果我们能赋予企业以生命意义,其日趋复杂多变的生存环境就是其赖以生存的生态系统,那么这个问题就会变得十分的简单。而事实上,组织生命周期理论和组织生态学理论早已赋予企业生命的意义,企业组织不仅是一个生命体,具有生命周期,而且是一个特殊的生命体,它被赋予了人的意志,在自然生态环境和人文生态系统中生存着、存续着(王玉,1997;韩福荣,2002)。

(1)组织成长的生命特征。组织具备了生物生命延续的一些基本能力。组织能将一定的输入物,如人力、物力、财力、信息、时间、能量等,按照预定目的进行处理后转化为输出。首先,组织的功能特征保证了组织的存在,比如生产型企业可以提供产品,服务性企业可以提供服务,学校可以培养学生等,因此具有一定功能的组织使它具有了一定的生存能力;其次,组织优化输入—输出行为及能力,可以改善和提高组织已有功能,如企业不同要素组合追求规模经济,学校不断改善和提高教学质量等等,因此组织具备一定的竞争能力;最后,组织要与外界环境进行物质、能量、信息的交换才能维持自身的生存发展。由于环境变化的不确定性和复杂性,要求组织必须保持与环境的动态适应,如企业需要根据市场需求及时调整产品的类型和产量;学校需要根据社会的需求调整学科的发展和师资规模等。因此组织具备了生物有机体的生命延续所需具备的基本生存能力、竞争能力和环境适应能力。

(2)组织成长被赋予了人类的意志。人是组织的主体,是组织要素中最活跃的、唯一起支配作用的要素。人类在创造组织的同时,将自己的目的和意愿赋予了组织，并通过企业活动来实现个人的目的和意愿，最后通过组织活动来实现人类生存发展之目的。组织中任何要素的支配都是由人来进行的，组织活动中无不打上人的烙印，组织的任何活动都是人的生命活动、人的思维能力的延续，组织的成长也是人类成长的过程。一个组织在成长中，组织成员是在现实组织活动中具有自己意愿、利益和行为的个人，组织是一个由各种不同类型和特点的个人所组成的集体，它必须把有不同知识、技能、特长的个人力量通过不同方式有机地融合起来，形成"个性化"的团体行为和力量。组织需要有一个全体组织成员认可的理念来规范大家的行为。所以，组织不止是一个功能单位，而且是人类寻求生命的丰富内涵、实现生命价值的场所。

（3）组织成长是适应性学习和主动性学习过程。在生态学中，适应性是指生物体的形态、结构、机能和生活习性等能与所居住环境条件相协调的特性。它是生物普遍具有的一种属性。前面已经提及组织具有一定环境适应能力，组织在与其生存环境互动的过程中能适应并生存下来，但是更带有主动适应的特性，是人的意志或主观能动性在组织上的反映。因此，一方面组织保持着与它生存环境的和谐与协调，另一方面组织始终受到环境时刻给予组织的压力，组织会对环境的压力做出适当、适时的反应，而这些反应并不是被动地接受。组织不仅具有个体所具备的适应能力，而且具有个人所不具备的整体计划预判能力。组织整体活动形成了大家能共同接受的理念，个人利益的实现依赖于组织整体利益实现的情况下，个人能力的结合便提升为企业能力，成为组织思维和战略发展的基础，组织就能够主动地根据环境的变化而适时调整，并能够不断地创新变革，从而促使组织生命的延续。

（4）组织成长是复杂的自组织系统学习。组织在其生命过程中，无时无刻不在与其所处的环境进行各种交流，而且随着环境的变化而变化。这种交流可能是物质，可能是能量，也可能是信息。组织成长是适应性学习和主动性学习过程，而组织成长的复杂性就在于其在组织与组织、组织与个人等主体间主动交互、相互作用过程中形成和产生。主动的程度决定了其整个系统行为复杂性的程度。同时组织与其他主体间相互影响和相互作用，是组织成长的主要动力。对于组织成员而言，组织的整体作用和功能正是通过组织成员表现出来的，组织对于组织成员来说起着"环境"的作用。组织成员都有多种发展前途的可能。在相互作用的过程中，由于各种因素都在成长过程中，对称性被打破，整个系统变得更加复杂，但是这种个体行为，会被组织其他成员学习和模仿，最终在整个组织中被复制，从而引起组织整体性变化。当这种行为以某种方式固定下来的话，对称性又会重新构建。因此组织成长具有自组织性。自组织是指，系统无须外界指令而能自行组织、自行创生、自行演化，即自主地从无序走向有序。组织成长是复杂的自组织系统学习，组织通过不断试探、调整、学习和自我评价，以寻找新的与环境协调的结构和行为模式，同时组织成员对组织中隐性知识进行再组织、再复制、再创生，通过相互间的学习、沟通，来实现对知识的重新构架、修正、倍增和创新（黄键，2003）。

4. 组织成长是一定文化情境下的成长

对组织文化的深入研究表明：文化是任何一个组织都具有的特性，文化不仅使各个组织呈现出异质性，而且内在地约束了组织的经营业绩、成长路径和组织结构。理解组织的成长文化性，同样可以从组织主体、组织成长过程和组织成长的主要资源——知识三方面来理解。

（1）组织主体的文化性。我们已经讨论过组织是由人组成的特殊生命有机体，组织的主体是人，组织的任何资源归根结底都是由人来支配的。组织成员每个人都有自己的价值观、理念和目标，因此在活动中组织被赋予了人的意志。而组织文化集中反映了员工的共同价值观、理念和共同利益；组织目标以其突出、集中、明确和具体的形式向员工和社会公众表明，共同的价值观使企业内部存在着共同目的和利益，从而把员工牢牢地联结起来；企业群体行为的意义是把组织引导到既定的目标方向上来，组织的价值取向、行动目标、规章制度都是组织主体文化性的体现。同时组织文化是组织核心人员行为与意识的传递，比如向组织成员传达对他们的信任，传达对组织成员的关心，传达对组织成员某些行为的约束，向社会传达组织的价值观等。一方面，这些信息的传达可以鼓励和约束组织成员的某些行为，如组织的规章制度硬性约束组织成员行为，同时，这些意识与行为的传达会在组织成员心中扎下根来，组织成员会自觉或不自觉地按这些意识和行为去行事；另一方面，组织主体意识行为与环境的互动，组织的精神、价值伦理等意识与行为向社会扩散，获取社会的认同，与社会产生共识，同时社会伦理、社会公德、职业道德等相关约束在组织意识和行为中固化下来，约束组织成员与组织行为。

（2）组织成长过程的文化性。通过组织成长理论的回顾，组织环境决定论、组织生态论和文化理论等都涉及了文化对组织成长的影响，规模决定论将组织看作是输入—输出的"黑箱"，而追求输入—输出函数的最优解，但在不同的技术水平，会有不同的输入—输出函数最优解。新古典经济学中的经验曲线也说明了组织中人类的经验积累对于成本与效率的影响，也就是组织成员的学习效果。虽然新古典经济学假设人为理性人，但是理性人在现实中是不存在的，即使是理性人，不同组织的经验曲线也是不同的，经验技术的积累总要受到人类文化因素的影响。随着科斯的交易费用理论提出，组织的"黑箱"被打开，组织的边界是由市场的交易成本和组织内管理成本共同决定的。但是组织的形式并不是完全组织和市场两种极端形式。当成本发生变化时，就会出现不同的合约安排，以及多种组织形式，说"企业"代替了"市场"并非完全正确。确切地说，是一种合约代替了另一种合约（张五常，2000）。因此，界定授予的权利是签订合约时所要做的事情，企业合约可以分为正式合约与非正式合约两部分，常辅之以默契的理解、习惯和普通法。特别是非正式合约，通常是心理合约，它包含了企业文化方面的要求，特别是与文化价值观、风俗习惯等文化因素有着密切的关系。对于内生成长论，组织是特殊的资源束，是异质资源和能力的集合体，资源难以复制的属性作为经济源泉、绩效和竞争优势的基本驱动器。但是组织的资源既包括人力等有形资源，也包括品牌、声誉等无形资源，当前研究者不仅详细分析了有形资源，而且也开始强调无形资源，而这些诸如品牌、声誉等无形资源与组织中的文化因素息息相关，甚至组织文化本身就是组织能力不可缺少的要素。

（3）组织成长的主要资源——知识——的文化性。资源基础论和后续的核心能力理论，都将知识视为组织成长的重要资源，认为企业的知识存量是组织成长的源泉。组织吸收、整合、应用、创新、外溢知识的不同导致了组织边界、结构与行为、绩效的差异。组织的知识的主要载体和传播的主体是组织成员。由于人的文化性，组织成员在接受和传播时都会受到自己所处文化环境的影响。组织建立知识库，也是由具体的符号和语言记录下来的，组织对于相同的知识的经验和理解不尽相同，因此组织在建立知识库的过程中也会打上组织所特有的文化烙印。同时组织文化也是以一种重要的隐含知识、意会知识或者默会知识存在于组织之中。组织成员在组织中学习成长，自己的价值观在组织中进行了融合，组织成员找到了自己的目标和成就感、公平合理感，使个体的价值观与企业文化更为接近或一致，同时组织文化改变和强化了组织成员对于特定文化价值观的认同和信仰，因此组织成员很容易在既定的文化价值观上和思维模式上，表现出强烈的学习路径依赖特性。而这种组织文化资源对于组织成长，特别是知识型组织的成长有着重要的作用。

第二节　科技人才的成长规律

已有关于科技人才成才规律的研究主要从人才成长的阶段序列、人才本身的素质结构以及成才内外因素的共同作用三个角度来探析科技人才是如何成长并成才的。

一　基于人才成长阶段序列的成长规律

这一类成才规律的研究着眼于人才的生命周期，基于纵向的时间序列，依据不同时期对于人才的投入以及获取的产出的不同，将科技人才的成长过程划分为不同阶段，进而分析处于不同阶段所对应的人才特点、投入、资质的获取和提高、成果产出等多方面的因素，从而为寻找对应于不同阶段的恰当人才培养措施奠定基础。

例如，钱省三、吕文元将集成电路行业科技人才的阶段成才规律归纳为基础学业期、现场实践期和创造活动期三个阶段。在第一阶段，人才在高等院校接受与集成电路的设计与制造有关的专业教育，为将来进入 IC 行业的生产、工作实践打下坚实的基础；第二阶段，人才通过 5—8 年的工作实践实现"三个转化"：由掌握书本知识能力向实际操作能力转化、由操作能力向单项开发能力转化、由单向开发能力向系统开发能力转化；进入到第三阶段的人才才能够胜任创造产品、创造市场的工作，充分发挥其创造能力。

二　基于人才素质结构的成长规律

这一类成才规律的研究着眼于科技人才本身应具备的资质、素养及其结构关系。换句话说，就是一个人具备了哪些资质要素，不同方面的资质要素应占据怎样的比例关系，才能成为一名科技人才。根据学者对诺贝尔奖得主以及各行业部分著名专家和优秀学者的研究和总结，以下两方面的素质结构平衡对科技人才的成才非常重要。

（1）既有雄厚的理论基础，又有丰富的实践经验。理论是科学研究的基础，实践是科学研究的实现手段和成果应用的最终目的。但凡取得伟大成就的科学家，无一不靠扎实的理论基础与踏实的科研实践相结合的。

（2）既有广博的学识见解，又有崇高的科学品质。即"德才兼备"。我国著名科学家钱学森是这一方面的典范。钱学森在科学研究上取得辉煌的成就，为祖国作出了巨大贡献，绝不仅仅来源于他自身的专业造诣。他崇高的科学品质与科学精神更是为他从事科学技术的学习和研究提供了动力、导向和方法。钱学森面对美国的各种物质利益而不动心，面对美国政府的百般阻挠而不改报国之志，三次获得美国的大奖而拒绝领奖，视爱国之情、民族气节高于一切。强烈的民族自豪感帮助钱学森战胜重重困难，最终实现了自己报效国家的心愿。

三 基于内外因素合力作用的成长规律

从系统动力学的角度来看，任何事物的存在和结果的形成，都是由于受到事物本身的内在因素和外界环境因素共同作用所致。这个过程是复杂的，涉及诸多因素。基于内外因素合力作用的成才规律的相关研究，试图从一个系统、完备角度出发，来分析科技人才成长并最终成才，是在怎样的内外因素的共同作用下来实现的。

王荣德从人才学的观点审视和分析了自 1901 年至 1997 年共 400 多位获得诺贝尔奖的科学家的成功道路，总结了五个方面的促成这些科学家成长的重要因素：

（1）良好的家庭教育和熏陶是成功的"第一基石"；

（2）自身的努力和奋斗是成功的"内在动力"；

（3）良师的指导和帮助是成功的"助推剂"；

（4）选准研究方向和课题是成功的"捷径所在"；

（5）善于把握机遇和创新是成功的"关键"。

第三节 科技人才成长的影响因素与促进途径

一 科技人才成长的影响因素

影响科技人才成长的因素主要包括人才自身的内在因素和外在的环境因素，即内因和外因共同作用，以及交互影响。其构成的合力作用影响科技人才的成长。已有研究主要是以一定范围（行业范围、地域范围等）内相当数量的成功人才为研究对象，分析其成功道路上内外因素条件的共性，进而总结能够影响科技人才成长的因素。

这种方法之所以被较为广泛地采用，一是因为在人才质量上，某行业或者某区域中成功的人才和著名的学者代表了其所在行业或地域的相对高级的成就，被公认为是成功的人才，具有代表性；二是因为通常所研究的对象不是一两个个体，而是具有相当数量的群体，能够挖掘出成功的共性，避免片面性结论，具有一定的覆盖面和共同特征。

王军、王桂林和魏海琴对古今中外 657 位来自 8 个专业领域的著名学者的成才进行了系统的统计分析，总结了影响高素质科技人才成长的主要因素，见表 3 – 2。

表 3 – 2   影响高素质科技人才成长的主要因素

内因（人才自身因素）	外因（环境因素）
➤ 专业兴趣	
➤ 崇尚理性、热爱真理、求知欲强	➤ 国家的综合国力
➤ 强烈的成就感欲望	➤ 信仰自由
➤ 实践或实验等行为能力	➤ 富于活力的学术团体、学校或学术机构
➤ 掌握发达文明的语言	➤ 良师
➤ 良好的个人因素（包括记忆力、好奇心、创新欲望等）	➤ 家庭出身与环境

资料来源：王军、王桂林、魏海琴：《著名学者成才启示》，《中国人才》2000 年第 7 期。

另外，众多学者从不同角度对影响科技人才成长的环境因素进行过比较深入的研究。例如，孙启超提出，有利于科技人才成长的环境和平台包括政策环境、法制环境和人文环境。穆生媛认为，有利于中青年学术人才培养和成长的外部环境因素包括动态培养环境、竞争激励环境和人才群体化环境。

二 科技人才成长的促进途径

众多专家、学者对科技人才的特点、成才规律和成长因素进行研究，目的是要以之为依据，探析有利于促进科技人才成长的方法途径。优秀科技人才的成长是一个系统作用的结果，既存在先天因素又存在后天因素，既有内在条件的推动又有外在条件的影响。已有研究认为，要在一个国家实现科技人才的良好成长，必须从人才自身到社会各个层面都付出努力，以求实现科技人才培养和成长的良性循环。具体而言，家庭、教育机构、科技人才所在单位、政府以及社会都具有各自的促进科技人才成长的着力点，并肩负为科技人才成长提供支持的责任。

（1）家庭：家庭教育和家庭熏陶

良好的家庭教育、家庭传统和家庭氛围的熏陶，对于人才个体的性格特征、志趣毅力等非智力因素有很重要的影响。

（2）教育机构：注重素质提升、全面发展的学校教育

设置合理的学科搭配，使未来人才获取合理全面的知识结构；重视实践教育，赋予学生将理论与实践结合的机会；关注受教育者整体素质的升高，而非仅仅重视知识的增加。

（3）研究机构与企事业单位：合理公正的竞争与激励机制

公平开放的竞争环境、切实有效的激励机制，有利于极大地促进科技人才的积极性，充分发挥科技人才的创造力和潜能。

（4）政府：通过宏观政策导向推动科技人才的培养

根据正确的科学发展观，制定合理的宏观科技政策，以及通过设立人才基金等方法构建公平竞争、有利于人才脱颖而出的公共平台等举措，从而引导和促进科技人才的成长。

（5）社会：形成尊重知识、尊重科学、尊敬人才的良好氛围

只有在全社会范围内形成崇尚科学、尊重人才的良好风尚，才能促使更多的人投身于科学研究，进而会有更多的优秀科技人才和高级科技人才不断脱颖而出，这将进一步强化社会的科学氛围，形成良性循环。

第四节　科技领军人才需求要素

一　激励理论研究综述

美国管理学家贝雷尔森（Berelson）和斯坦尼尔（Steiner）给激励下了如下定义："一切内心要争取的条件、希望、愿望、动力等都构成了对人的激励。……它是人类活动的一种内心状态。"佐德克（Zedeck）和布拉德（Blood）则认为，激励是朝着某一特定目标行动的倾向。爱金森

（Atchinson）认为，激励是对方向、活力和行为持久性的直接影响。沙托（Shartle）认为激励是"被人们所感知的从而导致人们朝着某个特定的方向或为完成某个目标而采取行动的驱动力和紧张状态"。从上述定义可看出，激励是外界的吸引力和推动力，是激发成员自身的推动力，从而使得个体目标为组织目标服务。

现代激励理论主要有三类：过程型激励理论、内容型激励理论和强化型激励理论。

1. 过程型激励理论

过程型激励理论包括目标设置理论、公平理论和期望理论。

目标设置理论的核心理念是：指向一个目标的工作意向是工作激励的主要源泉。主要有以下观点：明确的目标能提高员工工作绩效；具体的、困难的目标比笼统的目标效果更好；如果能力和目标的可接受性等因素保持不变，目标越困难，绩效水平越高；在朝向目标工作的过程中，员工获得反馈时，会做得更好；员工亲自参与设置的目标，能提高其对目标的接受性。

公平理论认为：人总是将自己获得的报酬与自己投入的比值同组织内部的其他人作比较，只有当主观上认为相等时，他才认为是公平的。

期望理论认为是：只有当个体认识到了目标的价值，且存在实现预期目标的可能性，同时努力会带来良好的绩效评价时，才会激励其努力工作以达到目标，而良好的绩效评价会带来组织奖励，如奖金、加薪或晋升，组织奖励又会满足员工的个人目标。

2. 内容型激励理论

内容型激励理论着重研究激发人们行为动机的各种因素，主要有需求层次理论、双因素理论、ERG 理论、成就激励理论等。

需求层次理论认为人的需要可以分为五个层次，即生理的、安全的、社交的、尊重以及自我实现的需要。生理、安全需要属于较低层次的、物质方面的需要，是基本需要；而社交、尊重和自我实现需要则属于较高层次的、精神方面的需要。人的需要呈递进规律。在较低层次的需要得到满足之前，较高层次的需要的强度不会很大，是不会成为主导需要的。已满足的需要不再具有激励性，只有未满足的需要才具有激励性。当低层次需要获得相对满足之后，下一个较高层次的需要才会占据主导地位，成为驱动行为的主要动力，人在每一时期都有一种需要占主导地位。

　　双因素理论认为：影响人积极性的因素可按其激励功能的不同，分为激励因素和保健因素两大类。激励因素是使员工感到满意的因素，是指与工作本身的性质和工作内容联系在一起的因素。包括工作富有成就感、工作成绩能得到认可、工作本身具有挑战性、富有较大责任、在职位和职业上能得到发展等等；保健因素是指防止员工产生不满意的因素，多与工作环境和工作条件有关。包括公司政策、行为管理和监督方式、工作条件、人际关系、地位、安全和生活条件等。

　　ERG 理论认为人有三种基本需要：生存需要、关系需要和成长需要。生存需要是指人在生理和物质方面的需要，如衣、食、住、行等方面的需要；关系需要是指交往方面的需要，即与同事、上司、下属、朋友、家人建立与保持和谐的人际关系，相互尊重；成长需要指不断取得成绩，并在工作中得到发展的需要。

　　成就激励理论认为，个体在工作情境中的高层次需要可以归纳为：权力、归属和成就的需要。权力需要，是指影响和控制别人的一种欲望或驱动力。归属需要，是指人们希望与他人为伴、归属某些群体的需要。成就需要，是指根据适当的标准追求卓越，实现目标，争取成功的一种内驱力，也可以说是一个人完成自己所设置的目标的需要。

　　3. 强化型激励理论

　　强化理论的核心理念是强化塑造行为。其认为，当行为的结果有利于个体的时候，这种行为就可能重复出现，行为的频率就会增加。这种状况在心理学中被称为"强化"。凡能影响行为频率的刺激物，即称为"强化物"。因此人们可以通过控制强化物来控制行为，以求得个体行为的改造。

　　二　科技领军人才的需求要素

　　我们所采用的激励要素主要是基于目标设置理论、公平理论、需求层次论以及 ERG 理论等激励理论，依次通过激励要素的纵向分层（从生理到自我实现层次、从生存到成长层次），横向分类（涉及物质生活、工作岗位、社会交往、成就追求等方面）以及要素细化等过程，初步选定激励要素及其分项指标。需求要素划分为工作物质条件、生活物质条件、工作认同、工作特性、组织制度、组织氛围、社会关系、职业权益和成就追求 9 个维度，共 42 个指标（见表 3-3）。

表 3 - 3 科技领军人才需求要素集

维度名称	分项指标
工作物质条件	丰厚的科研经费、追加经费的机会、工作场所与环境、仪器设备与实验条件
生活物质条件	优厚的薪酬与福利、家庭成员获得的特殊照顾或优惠待遇
工作认同	与同行相比获得公平的报酬、获得与自己的付出相称的报酬、工作成绩得到客观公正的评价、自己的工作效果得到及时的反馈
工作特性	从事具有挑战性的工作、从事自己感兴趣的工作、从事具有重要意义的工作、适度的工作压力、工作绩效考核的高标准
组织制度	自己的建议能够有效反馈到上层并被重视、组织中重要事项的决策权、随时与上级讨论工作的自由、接受培训和继续教育的机会、得到政府及单位的政策倾斜
组织氛围	积极良性的竞争氛围、主管的激励和赏识、受到同事的尊重、受到组织的关心
社会关系	与领导的人际关系、与同事的人际关系、与下属的人际关系、通过联谊会等组织进行的社会交往
职业权益	自主支配工作时间、自主安排工作进程、明确自己工作绩效的衡量标准、研究成果的专利权、对于科研资源的支配权、申请重大项目的机会、获得更多的项目合作机会
成就追求	荣誉奖励、社会地位、得到社会肯定、行政职位晋升、专业职称晋升、充分发挥自己的智慧和能力、攻克研究难题的成就感

本篇参考文献

［1］McLagan, Patricia. Competency Models, *Training and Development Journal*, 1980, Vol. 34.

［2］Rechard S. Mansfield. Building Competency Models: Approach for HR Professionals, *Human Resource Management*, 1996 (spring).

［3］Ledfort. Paying fot the Skill, Knowledge, and the Competencies of Knowledge Workers, *Compensation and Benefits Review*, 1995 (4).

［4］Jorgen Sandberg, Understanding Human Competence at Work: An Interpretative Approach. *Academy of Management Journal*, 2000, 43 (1): 9 –25.

［5］David C. McClelland. Testing for Competence rather than for Intelligence, *American Psychologist*, 1973, (28): 1 – 14.

［6］Boyatzis, Richard E. . The Competent Manager: a Model for Effective Performance, McBer and Co/Wiley, 1982.

［7］美国国家科学委员会:《科学与工程劳动力——实现美国的潜力》 2003 年 8 月。

［8］上海市科学技术委员会:《上海市科技紧缺人才预测》2002 年 7 月。

［9］秦江萍、谢江桦:《个人收入分配制度的改革与创新——科技人才参与企业收益分配》,《会计研究》2004 年第 4 期。

［10］易经章、胡振华:《科技人才测评指标研究》,《湖南工程学院学报》 2003 年第 3 期。

［11］汪群:《科技人才素质测评理论与应用》,科学出版社 1999 年版。

［12］杜协康、杨永星:《浅议国企科技人才的激励与管理》,《梅山科技》 2002 年第 2 期。

［13］程瑞英:《试论科技人才与科研成果》,《福建农林大学学报》(哲学社会科学版) 2002 年第 1 期。

［14］刘茂才主编:《人才学辞典》,四川省社会科学院出版社 1987 年版。

[15] 李思宏、罗瑾琏、张波：《科技人才评价维度及方法进展》，《科学管理研究》2007 年第 2 期。

[16] 贺德方：《基于知识网络的科技人才动态评价模式研究》，《中国软科学》2005 年第 6 期。

[17] 程惠东：《科技人才综合评估中的 AHP 方法》，《泰安教育学院学报·岱宗学刊》1998 年第 4 期。

[18] 赵玉索：《青年科技人才的量化评选办法初探》，《科学管理研究》2000 年第 1 期。

[19] 娄伟：《我国高层次科技人才激励政策分析》，《中国科技论坛》2004 年第 6 期。

[20] 郭强、张林祥：《科技人才科学管理研究》，《软科学》2005 年第 2 期。

[21] 易经章、胡振华：《科技人才测评指标研究》，《湖南工程学院学报》（社会科学版）2003 年第 1 期。

[22] 叶忠海：《高层次科技人才的特征和开发》，《中国人才》2005 年第 17 期。

[23] 汲培文：《学科带头人、学术带头人定义与含义的界定》，《科学学研究》2000 年第 3 期。

[24] 陈韶光等：《跨世纪学术带头人评价指标体系与模式研究》，《中国科技论坛》2000 年第 6 期。

[25] 贺绍君等：《学科带头人的模糊数学评价》，《四川省卫生管理干部学院学报》2004 年第 3 期。

[26] 李晓轩、马颜、龚旭、赵学文：《国家自然科学基金对我国青年科技将帅人才成长的作用及相关问题研究》，《中国基础科学》2002 年第 3 期。

[27] 唐筼：《国家教委跨世纪优秀人才计划基金的评审及其效果浅析》，《研究与发展管理》1995 年第 7 卷第 3 期。

[28] 赵玉索：《青年科技人才的筛选标准及方法》，《科学学与科学技术管理》2002 年第 6 期。

[29] 钱省三、吕文元：《集成电路（IC）人才成才规律研究》，《半导体技术》2003 年第 12 期。

[30] 马建光：《钱学森的成才之路》，《中国人才》2002 年第 8 期。

［31］王荣德：《诺贝尔科学奖得主的成功之路》，《中国人才》1997 年第 9 期。

［32］王军、王桂林、魏海琴：《著名学者成才启示》，《中国人才》2000 年第 7 期。

［33］孙启超：《企业科技创新主体论》，《天津成人高等学校联合学报》2003 年 10 月。

［34］穆生媛：《浅谈高校中青年学术人才成长的外部环境》，《内蒙古科技与经济》2003 年第 7 期。

第二篇

科技人才评估体系

第四章　科技人才评价相关研究综述

第一节　科技人才的评价维度

从科技人才评价的相关研究看，科技人才评价集中在科研绩效评价和科技人才自身评价两个方面；且单一维度的评价指标（如 SCI 等科学计量指标）已不能满足客观评价科技人才要求，逐渐被多维度、多层次评价指标体系所替代。综合现有的文献研究来看，研究主要集中在科技人才评价维度和指标的构建上，评价维度基本相似，主要沿袭了德、能、勤、绩四维结构。如思想素质、业务水平、工作能力、工作成绩（陈韶光等，2001），思想素质、业务素质、绩效结构（易经章、胡振华，2003），德、能、勤、绩、廉（吴建成，2004），德、学、才、识、体（王松梅、成良斌，2005）等。

可以看出，现有的评价维度设计过于单一，德、能、勤、绩四维结构并没有全面、系统地评价科技人才。一方面德、能、勤是对科技人才自身特征进行评价，而绩主要是对科技绩效进行评价，但是四维结构并没有全面地反映科技人才自身特征和科技绩效，且忽略了它们的内在联系。另一方面，由于缺乏对品德、知识、能力维度的量化研究，评测上主要采用民主评议和群众谈话等方式，对测评人员的原则性、客观性以及配合程度要求比较高，在实际工作中，经常会出现评价效果不理想或者评价流于形式等问题，评价体系的应用受到了很大局限。

从评价维度具体指标研究来看，主要集中在科技人才自身特征和科技绩效两大维度，其中对科技绩效评价研究相对较多，而科技人才自身评价相对较少。

一 科技绩效评价

科技绩效评价反映科技人才在科学技术领域取得的工作成绩和获得的工作积累。从评价方式上可以分为直接评价指标和间接评价指标。直接评价指标直接反映了科技人才对科学技术领域及社会的贡献；间接评价指标虽不能直接反映科技人才对科学技术领域和社会的贡献，却是科技绩效和社会认可的具体表现。

表4-1　　　　　　　　　科技绩效评价指标有关研究

直接评价指标	学术水平：先进性、创新性、科学性、难度（孟步瀛，1996、1997），新颖程度、复杂程度、艰巨程度、获取难度、深广度（喻承久，2005）；
	社会效益：人才培养作用、对现代化的作用、对学科建设作用（孟步瀛，1996）；
	经济效益：直接经济效益和潜在经济效益（孟步瀛，1996），直接经济价值评估、成果的商品化程度与市场前景评估（邓斌，2000），成果转化的难易程度、成果应用性、成果的实际经济效益（陆萍，2002）。
间接评价指标	科研项目、论文、专利、著作、学术交流、人才培养、奖励等具体指标（程惠东，1998；陈韶光等，2001；贺绍君，2004）。

直接评价指标无疑可最直接反映科技人才的科技绩效，但是指标相对笼统，不便把握，主观性较强，可操作性较差。间接评价指标相对精确、易量化，但是科研成果价值和表现形式的多样性决定了很难用同一标准判断科技人才的科技成果。因此，科学地对间接评价指标进行分类，按指标内容、形式、等级分类，分类越细越科学，可比性越强，相应评价结果越公正。相关研究人员已对此进行了一定程度的研究，研究内容已经涉及了诸如论文、专利、专著等指标的分级和定量（王明和等，2000；曹兴等，2001；易经章、胡振华，2003），这些研究的推进和发展有利于进一步设计科学的评价指标。

二 科技人才自身评价

科技人才的科技绩效评价内容主要是对德、能、勤、绩中的"绩"，而科技人才自身评价内容则是"德、能、勤"和其他方面，从现有指标体系的构建上来看，主要体现在对科技人才的道德水平、个人能力的评价。见表4-2。

表 4-2　　　　　　　　　　　科技人才自身评价有关研究

道德水平	政治表现、科研道德、组织纪律（陈韶光等，2001）； 思想境界、爱岗敬业、团结协作和积极主动性等情况（贺绍君，2004）； 自律程度、廉洁程度、民主公开程度、政治学习情况（文魁、谭永生，2005）。
个人能力	学历、外语水平、计算机应用水平、组织协调、写作能力、资料收集和阅读、研究能力（程惠东，1998）； 开拓创新能力、选题能力、组织指导能力、实验技术能力、知识更新能力、解决问题能力（陈韶光等，2001）； 专业知识，业务管理水平、诊疗水平、技术操作水平、外语水平（贺绍君，2004）； 口头及文字表达、知识更新能力、科研能力、解决实际问题能力、创造思维能力、特长（易经章、胡振华，2003）。

从上述研究可看出，科技人才自身评价指标设计具有主观性和随意性，缺乏必要的理论支持和科学性，没有深层次研究道德、个人能力等指标产生根源及其与科研绩效指标的关联程度。尤其是价值观、能力等指标缺乏理论支持和有效度量，造成能力指标设计的重复。

从国外来看，人才研究一直处于理论研究阶段，行为科学、心理科学和人才测度理论已应用到人才评价中。尤其是心理科学和人才测度理论的应用，将科技人才心理特征研究、智力研究、生理和环境研究以及明尼苏达（MMPI）、卡特尔 16PF、艾森克、爱德华、加州心理（CPI）等心理量表的使用引入人才评价领域。随着国外研究的深入，国内也对此进行相关研究。一方面从学术腐败的道德心理学（唐劭廉等，2004）、学术不端行为的诱因分析（李真真，2004）、学术失范心理动因和心理调控（郑茂平，2005）等方面对科技人才的价值观、道德等方面的问题进行研究；另一方面从心理学、人才测度理论出发，利用卡特尔 16PF（井西学等，2001；赵艳丽，2004）、CPI（李向利，2005）、各种量表的综合（汪群等，1999）对科技人才的人格心理特征、能力素质进行了研究和比较。上述国内外相关研究对于科技人才（团队）自身评价的科学性起到了积极作用，同时为指标的构建和定量评价提供了思路。但科技人才自身评价指标与科技绩效之间的关联研究以及如何构建价值观、道德、人格特征等多维评价指标体系仍然是亟待研究的领域。

另一个值得关注的是指标缺乏科研团队的评价研究。当今科学技术学科间的交叉性、渗透性和综合性日益明显。这在客观上要求不同学科、不同领域科技人才聚集在一起联合攻关，各取所长，互补所短。良好的科研团队的协作，是推进科学发展和技术进步的最好途径。"核心人才＋外围人员"的运作模式已成为现在科技研究的重要模式。正因如此，科技成果不仅仅是科技人才个人成果，还应是科技团队的整体成果；科技人才评价不能仅停在科技人才个人评价上，还应包含科技人才团队评价。随着科研团队重要性的提高，国内研究人员已将国外团队相关理论应用到科研团队研究中，从科研团队创造力（孙雍君，2003；傅世侠等，2005）、科研团队凝聚力（郝登峰等，2005）、科研团队领导行为（陈春花，2002）、科研团队沟通（丁堃，2005）、科研团队冲突（周瑞超，2005）等方面进行了研究，这些为科技人才团队指标研究提供了理论基础。

第二节 科技人才的评价方法

目前科技人才评价方法有定性方法、定量方法以及定性与定量结合的评估方法。按照美国科学、工程与公共政策委员（COSEPUP）的观点，评价研究的定量和定性方法可以细分为科学计量分析、经济回报率测算、同行评议、案例研究、回溯分析和标杆分析。结合国内外关于评价方法的有关研究，现有的科技人才评价方法可以大致分为同行评议、文献计量分析、经济分析法、综合评价方法和人才测评方法（具体比较见表4－3）。从目前的科技人才评价研究实践来看，科技人才评价方法仍以同行评议法和文献计量方法为主。

表4－3 科技人才评价方法

评价方法	性质	优点	缺点	应用及进展
同行评议法	定性	与科技评价一些指标的定性关系一致；可以深度地评价科技人才	跨学科、跨专业等评价难以把握；容易产生"非共识"现象；主观性较强	应用广泛；在同行指标量化（王成红，2004）、专家评议水平（赵黎明，1995）、利益冲突（周颖，2003）、评议工作绩效（郑称德，2002）等方面进行改进

续表

评价方法	性质	优点	缺点	应用及进展
科学计量法	定量	具有明确的定量指标；不受个人主观因素和其他非科学因素干扰	在个人和小型团体评价中具有较大的局限性；容易产生急功近利思想和其他学术道德问题	应用广泛；与其他评价方法进行结合；科学计量思想在其他评价方法中的应用和推广
经济分析法	定量	综合考虑了成本—效益、投入—产出因素；有助于理解科技投入和科技产出因素	科技投入、科技产出难以细分；知识、技能等指标难量化	应用有一定局限，主要应用经济性指标评价；数据包络分析方法（DEA）在定量科研评价和排序（樊宏，2002；孟溦，2005）中的应用
综合评价法	定性定量	定性、定量分析的结合；综合考虑评价的多目标性和多层次性；方法较多，针对实际情况选择合适的综合评价方法	方法的有效性和应用性有待检验；实践中有着较大的局限，如模糊综合评价需要专家有着一致的理解等	应用有一定局限，仍处于检验和探索阶段；在科技评价相关研究中发展很快；多种综合评价方法（冯学军，1999；刘文田，1994）的结合
人才测评法	定性定量	考虑了科技人才的价值观、道德、态度、人格等隐性因素；定性化的指标以定量的形式表现	相关研究较少，测评的有效性和应用性有待检验；国外成熟量表和测评理论的本土化较低	应用处于起步和探索阶段；量表的综合应用和本土化；与因子分析、聚类分析等现代多元统计方法的结合应用

　　从上面科技人才评价方法分析看，每一类评价方法各自有优缺点。其中比较常见的评价方法是同行评议法和科学计量法，但是这种传统的单一评价方法已不适应现有的科技人才评价和选拔要求。综合评价方法和人才测评法如何根据科技人才评价指标体系，采用合适的科技人才评价方法，建立合适的评价体系，将定量和定性评价有机结合，对于建立科学的人才评价和选拔体系具有重要意义。

第三节 存在问题和解决思路

1. 科技人才的界定模糊。大多数研究并没有明确评价对象是谁，即使明确评价对象，研究也主要从局部入手，评价对象主要是针对高校或某一特殊机构，而科技人才评价体系的设计与评价对象有着密切联系，模糊的评价对象限制了上述研究的应用。

2. 评价指标体系的维度单一，尤其是人才特质方面值得关注。科技人才评价应从科技人才自身特征和科技绩效两个维度出发进行分解和拓展。从选拔角度看，科技绩效转变为科技人才的科研积累，即科技绩效转变为科研积累和课题自身特征两个维度。因此结合科技发展和课题需要，科技人才选拔和评价体系应从人才特征、科研积累和课题特征三个维度来构建，在此基础上形成多层次评价指标体系。

3. 评价指标体系与最终资助效果缺乏必然联系。突出表现在两个方面，一是人才特征要素指标的来源缺乏科学根据，大多数研究只是将诸如价值观、道德要素的指标进行罗列。二是个人前期积累与资助效益缺乏必然的联系。目前个人前期积累的依据是单位或本人填报的资料，主要包括发表专著或论文情况、取得的科研成果和获得奖励的情况等，由于没有明确度量前期积累对资助效益的贡献程度，缺乏统一的评价标准，很难掌握候选人的综合情况和进行横向比较。

因此在具体指标设计上，可以从人才特征、科研积累和课题特征三个维度进行要素分解。通过人才测度方法和多元统计方法研究科技绩效因素与科技人才（团队）自身因素、科研积累因素之间的关系，为科技人才评价指标设定提供科学依据和理论支持。

第五章　资助效益的综合评价

　　在研究个人特质要素、个人积累要素与资助效益间关系时，需进行资助效益评价，即评估科技人才接受基金或人才计划资助时在科学技术领域取得的工作成绩和获得的工作积累。从评价方式上可分为直接评价指标和间接评价指标。由于直接评价指标直接反映了科技人才对科学技术领域及社会的贡献，指标相对笼统，不便进行定量评估；于是采用了相对精确、易量化的间接评价指标。同时由于科研成果价值和表现形式的多样性决定了很难用同一标准判断科技人才的科技成果，通过对间接评价指标进行分类，保证评价结果的科学性。

　　科技人才的资助效益分为科技成果效益和人才成长效益。科研成果效益，主要包括资助前和期间的项目、论文、著作和专利情况；人才成长效益，主要包括资助期间的人才培养、学术交流和奖励情况。

第一节　评价方法：TOPSIS 法

　　由于科技人员的资助效益表现为多个特征，其科研成果价值和表现形式的多样性决定了很难用同一标准判断科技人才的科技成果，另外科技人员科研业绩的评价经常涉及阶段性评价，这种评价既包括其正在进行的科技创新活动价值的评价，又包括在特定时期内已完成的创新性成果的评价，被评价的内容是二维的。因此，以往国内在综合评价中常采用的单一文献计量法、专家评议法等显然是不合适的，影响到评价结论的科学性和公正性。

　　TOPSIS 法的全称是逼近理想解的排序法，是一种空间距离的思想，是多目标决策分析中常用的一种科学方法。该方法的思路是根据各被评估对象与正理想点和负理想点的距离来排列对象的优劣次序。所谓正理想点是设想的最好对象，它的各属性值达到所有被评对象中的最优值；而负理想点则是所设想的最差对象，它的各属性值都是所有被评对象中的最差值。用欧几里得范数作为距离测度，计算各被评对象到正理想点以及到负理想点的距离，距离正理想点越近，且距离负理想点越远的对象越优。TOPSIS 通过正理想解和负理想点的确定，将实际样本中的优值和劣值引入评价模型中，从而使评价结果能够充分体现评价对象的各个特征，使评价结果与实际结果更为接近，可信度较强。该方法对数据分布及样本量、指标多少无严格限制，既适用于少样本的小资料，也适用于多样本的大系统；评价对象既可以是空间上的，也可以是时间上的。其应用范围广，具有直观的几何意义。

因此，我们引入多属性综合评价中的 TOPSIS 综合评价方法从空间距离的角度，结合现有的科技效益相关评价研究建立科技人才资助效益的综合评价模型，以实现对科技人员资助效益实施科学、客观、公正评价。

第二节　资助效益的评估模型构建

我们将科技人才的资助效益分为科技成果效益和人才成长效益。因此资助效果的综合评价就包括科技成果效益综合评价和人才成长效益综合评价，此外科技人员科技成果效益的评价经常涉及阶段性评价，因此还可以具体分为资助前科技成果效益评价和资助期间科技成果效益评价。评价指标主要采用间接性指标，科技成果效益主要体现在科技人才既往承担的科研课题、发表论文、出版专著数和专利。同时考虑科技人才成长，将科技人才在资助期间所取得科研成果的社会认可等相关性指标作为人才成长效益，主要包括人才培养、学术交流和奖励。基于上述认识，科技人才资助的综合评价具体包括五个方面：资助前科技成果效益评价 (P_f)、资助期间成果效益评价 (P_d)、资助期间人才成长效益评价 (G_d)、资助后科技成果累积综合评价 (P_a)、资助后资助效益综合评价 (P_w)，涉及的具体指标见表 5−1 与表 5−2。

在确定指标具体表示以后，需要将各个指标无量纲化或统一量纲。这里主要借鉴科研机构和高校业绩点计算方法，分别规定各个三级指标业绩点换算（见表 5−3）。

表 5-1　　　　　　　　科技人才科技成果效益指标

一级指标	二级指标	三级指标
科技成果效益（P_f、P_d）	项目（A_f、A_d）	国家级项目数（A_{f1}、A_{d1}）
		省级项目数（A_{f2}、A_{d2}）
		其他项目数（A_{f3}、A_{d3}）
		国际合作项目数（A_{f4}、A_{d4}）
	论文（B_f、B_d）	论文数（B_{f1}、B_{d1}）
		国内核心、国际论文数（B_{f2}、B_{d2}）
		论文索引数（B_{f3}、B_{d3}）
	著作（C_f、C_d）	著作数（C_{f1}、C_{d1}）
		字数（万字）（C_{f2}、C_{d2}）
	专利（D_f、D_d）	专利申请数（D_{f1}、D_{d1}）
		专利批准数（D_{f2}、D_{d2}）
		发明专利、国际专利数（D_{f3}、D_{d3}）

表 5-2　　　　　　　　科技人才成长效益指标

人才成长效益（G_d）	人才培养（X_d）	研究生（X_{d1}）
		博士（X_{d2}）
		博士后（X_{d3}）
	学术交流（Y_d）	国际（Y_{d1}）
		国家（Y_{d2}）
		校和单位级（Y_{d3}）
	荣誉（Z_d）	国际（Z_{d1}）
		国家（Z_{d2}）
		省市（Z_{d3}）
		行业（Z_{d4}）
		校和单位（Z_{d5}）

表 5 − 3 科技人才业绩点设置表

国家级项目（A_{f1}、A_{d1}）	12	研究生（X_{d1}）	1
省级项目（A_{f2}、A_{d2}）	8	博士（X_{d2}）	2
其他项目（A_{f3}、A_{d3}）	4	博士后（X_{d3}）	3
国际合作项目（A_{f4}、A_{d4}）	+1	国际学术交流（Y_{d1}）	4
论文（B_{f1}、B_{d1}）	1	国家学术交流（Y_{d2}）	2
国内核心、国际论文（B_{f2}、B_{d2}）	+2	校和单位级学术交流（Y_{d3}）	1
论文索引（B_{f3}、B_{d3}）	+2	国际奖励（Z_{d1}）	4
著作（C_{f1}、C_{d1}）	5	国家奖励（Z_{d2}）	3
每20万字（C_{f2}、C_{d2}）	+1.5	省市奖励（Z_{d3}）	2
专利申请（C_{f1}、C_{d1}）	2	行业奖励（Z_{d4}）	1.5
专利批准（D_{f2}、D_{d2}）	+2	校和单位奖励（Z_{d5}）	1
发明专利、国际专利（D_{f3}、D_{d3}）	+2		

各个二级指标的记分公式为

资助前项目 $A_f = A_{f1} \times 12 + A_{f2} \times 8 + A_{f3} \times 4 + A_{f4} \times 1$

资助期间项目 $A_d = A_{d1} \times 12 + A_{d2} \times 8 + A_{d3} \times 4 + A_{d4} \times 1$

资助前论文 $B_f = B_{f1} \times 1 + B_{f2} \times 2 + B_{f3} \times 2$

资助期间论文 $B_d = B_{d1} \times 1 + B_{d2} \times 2 + B_{d3} \times 2$

资助前著作 $C_f = C_{f1} \times 5 + C_{f2} \times 1.5/20$

资助期间著作 $C_d = C_{d1} \times 5 + C_{d2} \times 1.5/20$

资助前专利 $D_f = D_{f1} \times 1 + D_{f2} \times 2 + D_{f3} \times 2$

资助期间专利 $D_d = D_{d1} \times 1 + D_{d2} \times 2 + D_{d3} \times 2$

资助期间人才培养 $X_f = X_{f1} \times 1 + X_{f2} \times 2 + X_{f3} \times 3$

资助期间学术交流 $Y_f = Y_{f1} \times 4 + Y_{f2} \times 2 + Y_{f3} \times 1$

资助期间奖励 $Z_f = Z_{f1} \times 4 + Z_{f2} \times 3 + Z_{f3} \times 2 + Z_{f4} \times 1.5 + Z_{f5} \times 1$

设资助前科技成果效益中的正理想点为（$A_f^+ B_f^+ C_f^+ D_f^+$），由样本中资助前项目、论文、著作和专利最大值组成；负理想点为（$A_f^- B_f^- C_f^- D_f^-$），由样本中资助前项目、论文、著作和专利最小值组成。同理资助期间科技成果效益中的正理想点为（$A_d^+ B_d^+ C_d^+ D_d^+$），负理想点为（$A_d^- B_d^- C_d^- D_d^-$），资助期间的人才成长效益正整理想点为（$X_d^+ Y_d^+ Z_d^+$），负理想点为（X_d^-、Y_d^-、

Z_d^-)。

设样本 i 的资助效益效益状态为（A_f^i、B_f^i、C_f^i、D_f^i），（A_d^i、B_d^i、C_d^i、D_d^i），（X_d^i、Y_d^i、Z_d^i），则可以得到：

资助前科技成果效益，样本 i 离正理想点的距离 U_f^i，离负理想点的距离 V_f

$$U_f^i = \sqrt{(A_f^i - A_f^+)^2 + (B_f^i - B_f^+)^2 + (C_f^i - C_f^+)^2 + (D_f^i - D_f^+)^2}$$
$$V_f^i = \sqrt{(A_f^i - A_f^-)^2 + (B_f^i - B_f^-)^2 + (C_f^i - C_f^-)^2 + (D_f^i - D_f^-)^2}$$

资助期间科技成果效益，样本 i 离正理想点的距离 U_d^i，离负理想点的距离 V_d^i

$$U_d^i = \sqrt{(A_d^i - A_d^+)^2 + (B_d^i - B_d^+)^2 + (C_d^i - C_d^+)^2 + (D_d^i - D_d^+)^2}$$
$$V_d^i = \sqrt{(A_d^i - A_d^-)^2 + (B_d^i - B_d^-)^2 + (C_d^i - C_d^-)^2 + (A_d^i - C_d^-)^2}$$

资助期间人才成长效益，样本 i 离正理想点的距离 ω_d^i，离负理想点的距离 v_d^i

$$\omega_f^i = \sqrt{(X_d^i - X_d^+)^2 + (Y_d^i - Y_d^+)^2 + (Z_d^i - Z_d^+)^2}$$
$$\nu_f^i = \sqrt{(X_d^i - X_d^-)^2 + (Y_d^i - Y_d^-)^2 + (Z_d^i - Z_d^-)^2}$$

因此，我们可以得到样本 i 科技人才的资助效益评估

资助前科技成果效益 $P_f^i = V_f^i / (V_f^i + U_f^i)$

资助期间科技成果效益 $P_d^i = V_d^i / (V_d^i + U_d^i)$

资助期间人才成长效益 $G_d^i = v_d^i / (v_d^i + \omega_d^i)$

资助后科技成果累积效益 $P_a^i = P_f^i + P_d^i$

资助后资助综合效益 $P_w^i = P_f^i + P_d^i + G_d^i$

通过以上资助效益评估公式，可以得到每个样本的资助效益值，进一步进行排序和其他分析。

第三节 科技人才综合评价结果及差异性分析

一 科技人才综合评价结果

通过上面的资助效益评估公式，我们可得到每个样本 i 资助前科技成果效益评价（P_f^i）、资助期间成果效益评价（P_d^i）、资助期间人才成长效益

评价（G_d^i）、资助后科技成果累积综合评价（P_a^i）、资助后资助效益综合评价（P_w^i），并分别对 5 个方面进行排序，得到最终评价结果（见表 5-4）。

表 5-4　　　　　　　　　　科技人才综合评价结果例表

ID	立项	资助期间	人才培养	累计	综合
12，023	58	121	1	85	9
23，001	36	76	77	48	60
23，002	59	55	57	67	68
23，003	44	144	45	72	67
23，004	57	17	40	31	31
23，005	82	123	20	104	75
23，006	138	154	161	157	167
23，007	72	168	84	118	116
23，008	88	119	95	107	114
23，009	39	106	73	60	69
23，010	108	28	80	61	73

二　资助效益层次差异性分析

研究对象里包括三个层次：学科带头人、重大课题负责人（A 层），重点课题负责人、启明星跟踪（B 层），启明星（C 层），由于每个层次的资助计划、人才结构都有很大的差异，因此从资助效益角度来看，三个层次应存在差异。由于上面的得到的资助前科技成果效益评价（P_f^i）、资助期间成果效益评价（P_d^i）、资助期间人才成长效益评价（G_d^i）、资助后科技成果累积综合评价（P_a^i）、资助后资助效益综合评价（P_w^i）评价值分布上并没有呈现明显的正态性，因此采用非参数的检验方法，利用 Spss13.0 对以上五个方面进行了层次间的差异性分析，得到结果如表 5-5 所示。

表 5-5　　　　　　　　　　科技人才资助效益层次差异性分析

	立项	资助	人才成长	累积	综合
Kruskal - Wallis Test	0.001	0.032	0.001	0.001	0.000
Median Test	0.007	0.288	0.002	0.047	0.001
Jonckheere - Terpstra Test	0.000	0.080	0.000	0.000	0.000

从资助效益层次差异性分析可看出，资助前科技成果效益评价（P_f^i）、资助期间人才成长效益评价（G_d^i）、资助后科技成果累积综合评价（P_a^i）、资助后资助效益综合评价（P_w^i）在层次间表现出明显差异，而资助期间成果效益评价（P_d^i）差异性并不明显，或者说相对其他四个方面差异性较弱。从上面层次差异性分析，可得到以下几个观点：

（1）资助效益在三个层次表现出差异（除资助期间成果效益）。这与现实中科技人才基金或人才计划实际基本一致，因此现有综合评价具有一定的科学性。

（2）资助效益在三个层次变现出差异。因此去寻找与资助效益有关的相关要素，对于理解资助效益层次的差异性、培养科技人才具有一定意义。

（3）资助期间成果效益层次差异性并不明显，而资助前科技成果效益、资助期间人才成长效益、资助后科技成果累积效益、资助后资助的综合效益表现出差异。实际来看，其原因可能是由于在资助期间，科技人才目标明确，科技成果指标任务已被明确在基金申请书或人才培养计划里，因此科技人才的科技成果效益层次的差异性表现得并不明显。而在资助前后，由于没有明确的任务目标限定，科技人才的成果和成长取决与其自身发展，所以差异性比较明显。这里面涉及很多影响因素，其中必然涉及科技人才内部的隐形因素和所处环境，因此研究科技人才的价值观、道德、人格等内部隐形因素以及团队环境因素与科技人才资助效益的关联性，发现影响资助效益的人才特质要素，具有理论意义和现实意义。

第四节 科研积累—资助效益转移矩阵

在科技人才选拔时，科研人才资助期间成果效益（P_d）、资助期间人才成长效益（G_d）、资助后科技成果累积效益（P_a）、资助后资助综合效益（P_w）都是未知的，需要根据资助前科技成果效益评价（P_f）（即资助前的科研积累）来估计科技人才未来的资助效益。因此，需在科研积累和资助效益间建立联系，具体包括两个：科研积累—资助后科技成果累积效益回归分析，科研积累—资助后资助综合效益回归分析，利用 Spss13.0 分析结果如下：

表 5 - 6　　　科研积累—资助后科技成果累积效益逐步回归分析结果

R	R Square	Adjusted R Square
0. 91139	0. 830632	0. 827943

	Standardized Beta	t	Sig.
（Constant）		8. 619745	2. 66E - 15
立项项目	0. 105529	3. 052195	0. 002599
立项时论文	0. 80492	22. 78516	4. 15E - 56
立项专利	0. 150627	4. 876777	2. 28E - 06

表 5 - 7　　　科研积累—资助后资助综合效益逐步回归分析结果

R	R Square	Adjusted R Square
0. 817 （a）	0. 668	0. 662

	Standardized Beta	t	Sig.
（Constant）		11. 70931	3. 64E - 24
立项项目	0. 199478	4. 119199	5. 68E - 05
立项时论文	0. 660363	13. 34627	4. 66E - 29
立项专利	0. 120284	2. 780458	0. 005978

从而，可得到一个系数矩阵——科研积累—资助效益转移矩阵（M）

$$M = \begin{pmatrix} 0.11 & 0.80 & 0.15 \\ 0.20 & 0.66 & 0.12 \end{pmatrix}$$

并可得到科研积累—资助效益的关系，样本 i 的资助前科技成果效益状态为 $(A_f^i \quad B_f^i \quad D_f^i)$，设科技成果效益状态的标准化值 $(ZA_f^i \quad ZB_f^i \quad ZD_f^i)$。

则 $\begin{pmatrix} P_a^i \\ P_w^i \end{pmatrix} = M(ZA_f^i \quad ZB_f^i \quad ZD_f^i)$

第六章　科技人才选拔评价体系构建

在具体分析了科技人才资助效益要素、人才特质要素以及它们之间关系后，我们已得到人才资助效益构成以及与资助效益相关联的要素，现从人才特质、科研积累和课题特征三个维度构建评价指标体系。

第一节　人才特质维度构建

在前面的科技人才特质要素调查中，已经得出与资助效益相关联的一些人才特质要素，这些人才特质要素涉及科技人才的价值观、道德、人格、团队和自我定位与自我推动，其中自我定位与自我推动是以人格中的次级因子和复合因子来表示。具体指标体系见表6-1。

表6-1　　　　　　科技人才特质要素维度指标体系

终极性价值观	20%	愉快因子（幸福、家庭的安全、自由、内心和谐、真诚的友谊） 成就因子（社会赞许、有成就感）
工具性价值观		基础工具因子（服务信念因子、能力因子、宽恕因子） 深层工具因子（诚实自制因子、理想因子、自我调节因子、独立因子）
道德	20%	行为判断因子 正义义务因子 目的因子
人格	20%	乐群性 智慧性 稳定性 影响性 活泼性 独立性 自律性

续表

团队	20%	混合协调角色因子 混合监督角色因子 信息角色因子
自我定位与 自我推动	20%	内外向性分析 心理健康水平分析 专业成就分析

在具体指标的度量上，主要采取自陈式问卷（量表）的方法进行描述和度量。

第二节 科研积累维度构建

在第五章里，已讨论了科技人才资助效益分为科技成果效益和人才成长效益，并利用 TOPSIS 法对科技人才的资助效益进行了综合评价。因此在科研积累维度的指标构建主要参考相应指标的设定（见表 6-2）。但由于资助期间的科技成果效益和科技人才成长效益在资助后期才能体现出来，需要根据科技人员的前期积累来估计科技人才未来的人才成长效益以及资助期间的科技成果效益。

资助前项目 $A_f = A_{f1} \times a_{f1} + A_{f2} \times a_{f2} + A_{f3} \times a_{f3} + A_{f4} \times a_{f4}$

资助前论文 $B_f = B_{f1} \times b_{f1} + B_{f2} \times b_{f2} + B_{f3} \times b_{f3}$

资助前著作 $C_f = C_{f1} \times c_{f1} + C_{f2} \times c_{f2}$

资助前专利 $D_f = D_{f1} \times d_{f1} + D_{f2} \times d_{f2} + D_{f3} \times d_{f3}$

利用 TOPSIS 可以得到样本 i 资助前科技成果效益 $P_f^i = V_f^i / (V_f^i + U_f^i)$ （详见第五章）

利用第五章得到科研积累—资助效益转移矩阵（M）

$$M = \begin{pmatrix} 0.11 & 0.80 & 0.15 \\ 0.20 & 0.66 & 0.12 \end{pmatrix}$$

推算样本 i 资助后科技成果累积效益 P_a^i 和资助综合效益 P_w^i

$$\begin{pmatrix} P_a^i \\ P_w^i \end{pmatrix} = M \begin{pmatrix} ZA_f^i & ZB_f^i & ZD_f^i \end{pmatrix}$$

表 6 - 2　　　　　　　　　　　科研积累维度指标体系

一级指标	二级指标	三级指标	业绩点
科技成果效益（P_f）	项目（A_f）	国家级项目数（A_{f1}）	a_{f1}
		省级项目数（A_{f2}）	a_{f2}
		其他项目数（A_{f3}）	a_{f3}
		国际合作项目数（A_{f4}）	a_{f4}
	论文（B_f）	论文数（B_{f1}）	b_{f1}
		国内核心、国际论文数（B_{f2}）	b_{f2}
		论文索引数（B_{f3}）	b_{f3}
	著作（C_f）	著作数（C_{f1}）	c_{f1}
		字数（万字）（C_{f2}）	b_{f2}
	专利（D_f）	专利申请数（D_{f1}）	d_{f1}
		专利批准数（D_{f2}）	d_{f2}
		发明专利、国际专利数（D_{f3}）	d_{f3}

进一步估算科技人才个人成长效益 $G_d^i = P_w^i - P_a^i$，为科技人才的选拔评价提供参考。

第三节　课题特征维度构建

课题特征维度主要考虑科技人才作为项目或计划申请人对于国家需求、学科需求、研究领域关键科学问题的把握，以及项目或计划申请人具体实施方案的合理性，以及对学科建设和社会发展的应用前景和意义，具体包括项目依据、研究队伍、技术路线、研究内容、研究方法、应用前景、学术价值、经费预算等内容，参考《上海市科学技术委员会项目可行性方案论证专家意见表》具体设置如表 6 - 3 所示。

表 6 - 3·　　　　　　　　科技人才课题特征维度指标体系

项目依据	对技术发展趋势的把握和知识产权状况的了解
	项目总目标的定位
	项目总目标的可考核性

研究队伍	项目执行年限期间，人员及实验条件具备情况	
	对项目组织机制的设计	
技术路线	项目技术关键的确定	
研究内容	对项目可能形成的创新点的水平的判断	
研究方法	对项目可行性方案论证的结论性意见	
应用前景	项目完成后形成自主知识产权的可能性	
	对项目执行效果的预期分析	
	项目完成后进行成果转化的可能性	
学术价值	产学研结合或学科合作情况	
经费预算	项目总预算	
	经费支出结构及比例	
	对技术风险和市场风险的分析	

评价方法主要采用同行评议法，通过专家对各个指标的打分，得出最终的评价总分。

第七章　科技创新型人才评价指标体系构建

——以宁波高新区为例

第一节　科技创新型人才的界定

科技创新型人才，是指具有创新精神的人才，即在特定领域内，在某一方面打破旧有的成规，作出突破性创新，其自身具有创造性、创新意识、创新精神，拥有理论或实践经验，并以自己的创造性思维和创造性劳动为社会作出正向价值贡献的人才。创新人才特质由创新知识、创新意识、创新能力和创新精神四个方面组成。

创新知识是指创新主体对知识占有、获取、创造和应用的程度与水平。创新知识是创新的基础，是创新大厦的根基，包括文化程度、任职资历与经验、知识结构等内容。其行为描述为熟练掌握本专业的基础知识与技能，具有本专业所必需的知识与实践，对相关跨学科专业有一定了解，具有知识更新功能和人才的再生功能，主观上有对知识不断更新充电的自觉要求和行动。

创新意识是指具有创新性的个性品质，创新型人才对创新活动的自觉认识和自主意识，包括创新动机和创新人格两部分。创新动机是个体在创新过程中心理活动特有的动力特征，是创新的动力问题。创新人格则是个体在创新过程中的人格特征，其中价值观、理想和信念是关键，决定着主体创新活动的方向和目的，包括兴趣、爱好、需要、动机、价值观、理想和信念等方面。

创新能力是指创造者在创新意识的驱使下，及时准确地收集各种创造信息，抓住创造机遇，把信息组织储存起来，为下一步创造积累材料，并对事物将来可能出现的各种复杂情况作出预测的能力。包括创新型人才的观察能力、判断能力、记忆能力、想象能力、模仿和探索能力、思维能力、组织协调能力、自学能力、交流表达能力等。具有很强创新能力的人能从多角度、多方向、多维度地去思考问题，突破逻辑推理的限制，利用"局外"信息去发现解决问题的途径；能够作出异乎寻常的反应；观点不落俗套，能及时放弃无用的旧方法，采用有效的新方法，对事物作出新解释。

创新精神是在创新实践活动中，创新型人才逐渐形成的比较稳定的创新个性心理的外在表现，包括创新个性心理的包容性、坚韧性、质疑性、独立性、冒险性、务实性与自信性，如质疑与批判精神、探索与求实精神、拼搏与坚韧精神、冒险与牺牲精神等。

第二节　科技创新型人才的评价与识别

一　评价与识别的目的

建立科技创新型人才评价体系的目的主要有两个：一是结合国家对人才评价要求，提出人才判断的依据和标准，为人才引进工作提供决策支持；二是根据发展的要求，为现有人才及将要引进的人才提供科技创新型人才的识别依据，以便划定科技创新型人才相关政策的受益群体。

二　评价与识别的原则

结合人才评价的目的，我们认为创新型人才的评价应该基于以下评价原则：

1. 创新型人才评价与识别体系的建立，应该与国家高新区的发展与人才需求相适应

高新区的发展需要在国家高新区发展要求的基础上，结合自身特点和需求，构建高新区特色的发展模式和路径。国家科技部在新发布的《国家高新技术产业开发区评价指标体系》中，提出了对国家高新区建设中学科类别的指标要求。因此，高新区要建设成创新型人才高地，在人才引进上应将专业学科特征纳入考虑范围，以更具吸引力的人才政策来提高创新型人才整体素质。

2. 创新型人才特质是人才个体创新的内在因素，故人才的创新特质是创新型人才识别中不可或缺的要素

相关研究提出，创新型人才自身内在创新特质是能够产生创新绩效的重要因素之一。因此，在对创新型人才评价中，应该将人才特质的测评纳入到考量范围。尤其是对于创新型人才的识别，更侧重于潜在素质的要求，因此，我们在创新型人才识别体系中，将人才创新特质的考量作为人才识别的一个维度，以较全面、科学地进行创新型人才的识别。

3. 人才识别应体现出不同职位间的差异性

根据创新内容的不同，可将创新划分为管理创新、技术创新等不同的创新类型。体现出不同职位上的人才可通过不同形式实现创新。对于创新型人才的识别，如果忽视了职位特征这一要素，采用统一的划分标准来评价和识别创新型人才，则会有失偏颇，降低识别效果。因此，创新型人才的识别要将职位差异性纳入到考虑范围，体现出不同职位之间人才的差异性。

4. 评价的侧重点在于创新型人才的识别，而不单纯是创新人才的创新绩效评价

在过去的一些研究中，对于创新型人才，尤其是研发人才的评价，评价的内容多是针对人才创新绩效的评价。评价重点是对于创新型人才的识别，通过评价识别现有或将要引进的人才中具有创新特质和潜能、能够在其岗位上作出创新行为和创新成果的创新型人才。创新绩效的评价重点在于对创新成果的考量，而创新型人才的识别更侧重于对人才的创新潜质和创新能力的考量。

三　评价指标体系

综合以上分析，依据评价原则，考虑将创新型人才识别的评价选择三个维度进行：人才个体素质、目前工作职位特征以及专业学科特性。对每一维度进行独立评价，然后根据各自得分和其所分配权重得到个体评价的评价值。高新区创新型人才的评价与识别指标体系如表7－1所示。

四　创新型人才评价与识别的方法与内容

1. 创新型人才评价与识别的方法

根据建立的人才评价指标体系，可以对高新区现有及将要引进的人才进行评价与识别。

表7-1　　　　　　　高新区创新型人才评价与识别指标体系表

维度		一级指标			二级指标	指标来源
		权重C	指标分类	满分		
高新区创新型人才评价指标体系	人才特质	0.2	执行型	30	创造性	测量量表
			创新型	70	效率	
					顺从性	
	职位特征	0.5	研发类	50	创新成果积累	职位说明
			生产类	20	从业资格	
			职能类	30	职位等级	
	专业学科特征	0.3	理工类	60	—	学历证明
			文科类	40	—	

评价结果的计算过程为：根据划分的三个维度指标分别计算被评价对象的各维度得分，将每项得分乘以各自的权重值，加总后得到被评价对象的创新型人才总得分。即：

$$T = \sum_{i=1}^{n} S_i \times C_i$$

其中，

$i = 1, 2, 3$

T：人才个体评价得分

S：第 i 个一级指标值

C：第 i 个一级指标的权重

对于高新区创新型人才的识别与评价结果的运用，可以将每位人才评价的得分值进行排序，根据得分排序与测定的创新型人才评价比例来划定目前宁波市创新型人才的基础标准分值，进而识别出创新型人才群体。

2. 创新型人才评价与识别的内容

（1）人才特质

对于创新型人才特质维度，我们采用国外成熟量表（KAI），从个体认知方式的角度，对人才的创新性特质进行评价。该量表测量的重点是人才内在的创新性而不是创新的能力水平，因此，对于创新型人才个体的创新特质测量是评价的主要内容。通过评价，可以得到被试所属的人才类型。这里所得到的人才类型有两类：执行型人才和创新型人才。

A. 量表有效性检验

为了验证量表的有效性，在问卷调查中将 KAI 量表进行了测试。验证测量包括两部分：一是通过人才个体填写 KAI 量表，得到人才创新特质的自我评价分值结果，并根据此结果得到创新型人才与执行型人才的两大类型的人才群体；二是运用主管对下级的评价方式，考量人才的创新行为与创新能力，对每个指标的评价值求和得到主管对人才个体创新能力的评价结果。最后，根据两部分结果，检验自我测评与他评结果评价的一致性。如果一致，则量表对于创新型人才特质的测量是有效的；否则无效。

在问卷调查中，对人才特质的测评结果显示，测试得分统计呈正态分布（见图 7 - 1）。根据这一结果，可以将创新型人才进行基本划分：得分在 120 分以上者为具备创新性特质的人才，将这个群体称为创新型人才；得分低于 120 分者，其认知方式更倾向于执行性特质，我们将这个群体称为执行型人才。

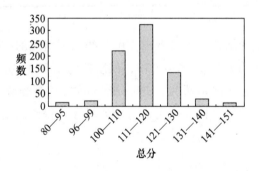

图 7 - 1　人才特质测评结果得分统计图

根据 KAI 量表测量结果，按照划定的人才类型分数线，得到了两类人才的结构比例，如表 7 - 2 所示。

表 7 - 2　　　　　　　　创新人才特质测评得分结果统计表

分　值	被试（人）	百分比（%）
120 分及以下	573	77
120 分以上	174	23
累　计	747	100

从人才特质测评结果，我们得到了两类人才的比例分别为：执行型人才 77%，创新型人才 23%。根据两类人才评价得分的数据，验证两类群体的成数指标值。对两类人才的主管评价得分数据进行描述统计分析，得到的数据如表 7-3 所示。

表 7-3 两种类型人才描述统计表

	0—1 类型
N（样本数）	746
有效样本数	746
Mean（均值）	0.23
Std. Deviation（标准差）	0.422
Variance（方差）	0.178
Skewness（偏度）	1.273

根据描述统计结果，可以看出，由两类人才组成的"0—1"分布的平均值和方差分别为 0.23 和 0.178，偏度值为 1.273，正偏态。方差值为 0.178，有一定的离散程度。进一步分析挖掘两类数据的深层次特点，将两类人才的得分情况分别进行统计描述，得到的统计分析结果如表 7-4 所示。

表 7-4 主管对执行型人才的创新能力评价得分数据描述统计表

	主管评价
N（样本数）	544
有效样本数	544
Minimum（最小值）	16
Maximum（最大值）	78
Mean（均值）	53.01
Std. Deviation（标准差）	9.892
Variance（方差）	97.847
Skewness（偏度）	-0.538

表 7 – 5　　　主管对创新型人才的创新能力评价得分数据描述统计表

	主管评价
N（样本数）	166
有效样本数	166
Minimum（最小值）	16
Maximum（最大值）	77
Mean（均值）	54.95
Std. Deviation（标准差）	11.649
Variance（方差）	135.707
Skewness（偏度）	– 0.689

主管评价的有效样本数为 710 份。从表 7 – 4 和表 7 – 5 对两类人才的主管评价结果可以看出，执行型和创新型两类人才评价最大值与最小值差异不大；评价得分的均值分别为 53.01 和 54.95，有一定的差异性。两组数据中，创新型人才的评价得分离散程度较大，标准差为 11.649。进一步对两组数据进行频次分析发现，执行型人才群体中，其主管评价得分的中位数为 56 分，比重较大的分数区间为 47—61 分，占到总数的 56.1%；对于创新型人才群体中，其主管评价得分中位数为 64 分，分数较前者分散，但是高分段所占比例较大，其中得分在 60 分以上比例为 48%。可以看出，人才创新特质的自我评价与主管对其创新能力的评价结论基本一致。

综上可知，主管评价与人才个体自我评价得到的结果一致，评价得出来的两类人才在创新能力上存在差异，因此，采用 KAI 量表进行人才创新性特质的测评有效。

B. 量表测试内容

人才特质维度评价所采用的成熟量表 KAI，是从个体认知方式的角度，对人才创新性和适应性特质进行测量。该量表测量的重点是人才内在的创新性而不是创新的能力水平，符合人才特质维度测量的要求。同时，通过前面的验证，可知该量表对被测对象有良好的甄别效果。

量表中每一项指标的计分使用李克特五点记分法，根据个体对指标的认可程度进行评分。每位被试的测评得分为所有指标得分的总和。

该量表从三个维度对人才特质进行测试：创造性、效率、顺从。具体内容为：

创造性：指个体在认知方式上表现出的创造性特质。通过衡量被试在其成长环境中认知方式上的外在表现来考查。内容主要涉及善于分享、做事专注、不拘泥于传统或习俗、喜欢变化、勇于尝试、发现新问题并可以想出解决办法等方面。该维度通过 KAI 量表中的 1—13 题项进行测量。

效率：指个体在认知方式上表现出的做事效率特质。通过衡量被试通常的做事方式来考查。内容主要涉及业务能力掌控程度、做事的系统性、对细节的关注、坚持、做事速度等内容。该维度通过 KAI 量表中的 14—20 题项进行测量。

顺从：指个体在认知方式上表现出的对于观点或者环境的适应性特质。通过衡量被试对于组织或团队环境中变化的处理方式表现来考查。内容主要涉及被动接受、尊重权威、适应性、对服从的认可、喜欢明确任务、墨守成规、按部就班等方面。该维度通过 KAI 量表中的 21—32 题项进行测量。

C. 对评价结果的处理

根据测评结果，可以将被试划分为两大类型人才。创新型人才的识别体系中对人才特质的测量，其分值的分配依据人才类型进行。给予创新型人才分值分配为 70 分，给予执行型人才的分值分配为 30 分。即凡是测评结果被评为创新型人才的人员，其人才特质维度的得分均为 70 分；凡是测评结果被评为执行型人才的人员，其人才特质维度的得分均为 30 分。

（2）职位特征

对于职位特征维度，主要是考虑三种职位类型：研发类、生产类、职能类。由于职位不同，对于职位特征的考查指标应该有所区分。基本的指标划分如表 7 - 6 所示。下面分别对三类职位类型中的创新型人才的评价与识别的内容与考量指标进行介绍。

A. 研发类人才

研发类人才主要是指在企业或单位中处于研发部门及技术研发岗位的相关人才。按照从事科技活动的内容和范围可将研发类人才划分为三个层次：专业技术人员、科技活动人员、研究与开发人员。研发类人才一般具有知识层次高、能力超群、创造性突出的特点。这些特点也决定了研发人才对于企业创新的重要性。因此，对于研发人员的评价与测量应该结合这类人才的特点进行。

结合研发类人才个性特点，考虑到这类人才中创造性成果较为显著的现实，将研发类人才中创新型人才的评价与识别指标分为四类：学历、职称、创新成果积累和职位等级。同时，根据各指标的重要性程度给出了不同权重（见表7-6）。

表7-6　　　　　　　　创新型人才职位特征评价指标表

	职位特征	权重	测量指标
创新型人才职位特征评价指标	研发类	0.2	学历
		0.2	职称
		0.4	创新成果积累
		0.2	职位等级
	生产类	0.2	学历
		0.3	职称
		0.5	从业资格
	职能类	0.15	学历
		0.15	职称
		0.4	职位等级
		0.3	从业资格

考虑到研发人才的贡献程度在一定程度上反映出研发人员在创造性中的表现情况，故在这四项指标中，考量重点在于创新成果积累指标，即分配给该项指标的权重最大，为0.4。另外，个人履历也是不可缺少的一项考查内容。对于履历的考量，一并放入职位等级中进行。

对于研发类分项指标的具体评价标准见附录2。

B. 生产类人才

这里所说的生产类人才主要是指处在生产部门或岗位上的相关人才。对于生产类人才的创新性，主要体现在生产过程中对于生产工艺、流程或者产品质量控制等方面提出的创造性建议以及可以实施的创造性方法。生产类的人才中创新型人才的评价与识别，更加关注于这类人员在从事企业生产中所应具备的基本素质，尤其是对从业资格的要求。具备了相关的知识和技能，是创新产生的基础要素之一。

结合生产类人才特点，考虑到这类人才中从业资格对职位的要求，我们将生产类人才中创新型人才的评价与识别指标分为三类：学历、职称和职位等级。同时，根据各指标的重要性程度给出了不同的权重（见表7 - 6）。

对于生产类人才中创新型人才的识别，评价重点在于这部分人员所具备的从业资格。具体来讲，包括各类技术等级证书以及从业资格证书。根据证书的水平和质量，来考查被评价人员的知识技能水平。

生产类人才中创新型人才的评价与识别的具体评价标准见附录2。

C. 职能类

这里提出的职能类人才主要是指那些在企业处于管理及各职能部门中的相关人才。职能类人才可以分为两个层次：一类是企业中的高管；另一类是各职能部门中的相关人才，如财务人员、HR 部门的人员等。对于企业高管，其创造性主要体现在管理创新，包括管理制度创新、管理模式创新等内容；对于其他的职能类人员，其创造性主要体现为处理方式或方法的创新等内容，这部分人员的相关从业资格也较为重要。

结合职能类人才的特点，综合考虑职能类中两个层次人才的特点和对职位的要求，我们将职能类人才中创新型人才的评级与识别指标分为四类：学历、职称、职位等级和从业资格。同时，根据各指标的重要性程度给出了不同的权重（见表7 - 6）。

根据职能类人才中包括的两个层次人员的特点，我们认为，对于职能类人才中创新型人才的识别，评价重点在于职位等级和从业资格。其中，职位等级兼顾两类人才的创新性特征，因此分配的权重最大，为0.4；其次是从业资格，分配的权重为0.3。同时，对于职能类人才的评价与识别，同样也将履历考量一并放到职位等级中进行。

职能类人才中创新型人才的评价与识别的具体评价标准见附录2。

（3）专业学科特征

国家科技部火炬中心在2008 年发布了新的《国家高新技术产业开发区评价指标体系》。该指标体系给出了"国家高新区评价指标体系"和"区域环境测度指标"两大部分评价内容。其中，区域测度指标由经济支撑、知识支撑、环境支撑3 个一级指标构成，下设13 个二级指标。对于一级指标"知识支撑"的考量，其中一项二级指标为"每千位居民理工本科以上学历"，由此指标来反映出高新区所在城市整体的创新型人才环境和素质。

　　可以看出，国家对于高新区人才的引进，在专业学科特征中也有了指导方向。不可否认的是，不同学科类别的人才对产业发展的作用有一定差异，因此，将专业学科特征用于人才识别较为重要。

　　根据专业学科类别特征进行划分，得到两大类别的专业学科：理工类、文科类。考虑到国家对于创新型高新区建设的要求，结合评价与识别的原则，对创新型人才的识别应针对不同的专业学科类别予以区分。

　　考虑到以上因素对人才学科类别的倾向性，创新型评价的标准为：对于理工类人才，此项得分为 70 分；对于文科类的人才，此项得分为 30 分。

　　同时，由于各高校对专业招生的要求不同，一些专业在理工类和文科类中都有设置，如"经济学类"、"管理科学与工程类"、"工商管理类"等专业。对于这部分专业学科得分的评价，可以参照被评价对象学位证书中所颁发的专业学科类型来进行。对于理工科与文科的详细划分根据国家高校中对于学科类别的一般分类进行。

附录1 人才特质测试结果

一 科技人才测试问卷权重设计

科技人才测试的问卷权重主要根据科技人才对科技人才调查问卷中的人才特质要素认同程度和因子分析的方差比重综合而得，具体结果如表1所示。

表1 　　　　　　　科技人才测试问卷权重分配

终极性 价值观	10%	愉快因子0.48　　愉快因子0.47 愉快来源0.53（幸福0.22、家庭的安全0.2、自由0.19、内心和谐0.19、真诚的友谊0.2） 成就因子0.52
工具性 价值观	10%	基础工具因子0.49（服务信念因子0.33、能力因子0.35、宽恕因子0.32） 深层工具因子0.51（诚实自制因子0.37、理想因子0.25、自我调节因子0.2、独立因子0.18）
道德	20%	行为判断因子0.39、正义义务因子0.32、目的因子0.29
人格	20%	乐群性1/7、智慧性1/7、稳定性1/7、影响性1/7、活泼性1/7、独立性1/7、自律性1/7
团队	20%	混合协调角色因子0.4、混合监督角色因子0.35、信息角色因子0.25
自我定位与 自我推动	20%	内外向性分析1/3、心理健康水平分析1/3、专业成就分析1/3

二 科技人才测试问卷结果分析

这次问卷的测试对象是参加 2007 年度上海市青年科技启明星人才计划见面会进行答辩的科技人才，共回收测试问卷 161 份，分析被测人员的价值观、道德、人格、团队、自我定位和自我推动的各项得分以及总分，同时为了避免各项打分的度量不同，并计算了功效得分。

表2 科技人才特质测试问卷均值分析

测试内容	淘汰者均值	录取者均值	淘汰者标准差	录取者标准差
价值观	5.36381	5.566475	0.642817	0.638969
道德	5.800962	5.644052	1.248712	1.239073
人格	4.951648	5.021182	0.626728	0.735135
自我定位与推动	4.497436	4.717241	0.952417	0.985484
团队	4.290769	4.250862	1.346894	1.070848
综合得分	4.980925	5.039963	0.618696	0.551143
功效得分	2.967078	3.047737	0.61345	0.552708

表3 科技人才特质测试排序分位数分析分析

	淘汰者排序分位数	录取者排序分位数	淘汰者功效排序分位数	录取者功效排序分位数
中值	93.5	80.5	97	78.5
最小值	6	7	8	6
最大值	159	161	159	161
25%	47.5	42.5	54.5	42.5
75%	120.25	124.75	125.25	122.75

通过表 2 和表 3 可以看出，录取者的人才特质均值和综合得分都优于被淘汰者，同时从排序分位数可以看出，录取者的排序在各个分位数上基本上都优于淘汰者，尤其在功效总分排序上表现得十分明显。因此，测试问卷中的人才特质要素具有一定合理性，但在问卷的结构设计和方法上需要进一步优化。

附录2　职位特征维度的测量

职位特征维度划分为三大类型：研发类、生产类、职能类。三类人员考查内容的测量指标具体如下。

1. 研发类（R）

研发类测量的重点在于创新绩效，故给予创新成果积累 0.4 的最高权重。评价指标如表1所示。

表1　　　　　研发类创新型人才职位特征评价指标表

测量指标	权重	分项指标
研发类	0.2	学历
	0.2	职称
	0.4	创新成果积累
	0.2	职位等级

对于研发类的评价内容与指标标准具体为：

（1）学历（E）

权重分配：0.2

得分分配：海外留学人员与博士后 100 分，博士 90 分，硕士 80 分，本科 70 分，专科 60 分，专科以下 50 分

（2）职称（T）

权重分配：0.2

得分分配：高级 100 分，副高 85 分，中级 70 分，初级 60 分，未评级 50 分

（3）创新成果积累（C）

权重分配：0.4

得分分配情况：

创新成果积累的得分分配按照表2所示的评价指标体系评分得到。具

体评价思路为：由三级指标加权求和计算得到各二级指标的得分值，再根据二级指标的得分值加权求和计算得到创新成果积累的得分值。其中，对于三级指标，只要被评价的人才拥有对应指标项，该项得分即为 100 分。如若被评价对象拥有国家级项目，则三级指标"国家级项目"一项的得分为 100 分。

即：

$$C = \sum_{i=1}^{n} c_i \times w_i$$

$$c_i = \sum_{j=1}^{n} c_{ij} \times w_{ij}$$

其中，

$i = 1, 2, 3, 4$

C：一级指标值

c_i：第 i 个二级指标值

w_i：第 i 个二级指标的权重

c_{ij}：第 i 个二级指标中的第 j 个三级指标值

w_{ij}：第 i 个二级指标中的第 j 个三级指标的权重

表 2　　　　　　　　　　　创新成果积累评价指标体系表

一级指标 （C）	二级指标权重 （w_i）	二级指标 （c_i）	三级指标权重 （w_{ij}）	三级指标 （c_{ij}）
创新成果积累	0.3	课题或项目	0.3	①国家级项目　或　②国家级奖励
			0.25	①省部级项目　或　②省部级奖励
			0.15	①其他项目　或　②其他奖励
			0.3	①国际合作项目　或　②国家级奖励
	0.4	专利	0.5	发明专利
			0.3	实用新型专利
			0.2	外观设计专利
	0.15	著作	1	著作
	0.15	论文	0.3	①参与行业标准的编写 或　②国际、国内核心论文
			0.2	国内普通论文
			0.5	论文国际索引

其中，对专利划分的依据如下：

根据 2000 年《关于修改〈中华人民共和国专利法〉的决定》第二次修正第 2 条的规定，发明创造是指发明、实用新型和外观设计 3 种。该法细则对这 3 类发明作了定义：

发明：是指对产品、方法或者其改变所提出的新的技术方案。发明分为：产品发明（指制造各种新产品的发明）和方法发明（指使一种物质在质量上发生变化成为一种新物质的发明，如制造某种产品的机械方法、化学方法、生物方法等）两类。以发明为对象所授予的专利称作发明专利。

实用新型：是指对物品的形状、构造或其结合所提出的适于实用的技术方案。这种新的技术方案只是创造性水平与发明比较相对较低，难度较小。以实用新型为对象所授予的专利称作实用新型专利。

外观设计：是指对工业产品的形状、图案或者其结合以及色彩与形状、图案的结合所作出的富有美感并适于工业应用的新设计。它必须以产品为依托，不能脱离产品而独立存在。以外观设计为对象所授予的专利称作外观设计专利。

（4）职位等级

权重分配：0.2

得分分配：高管 100 分，中层管理者 80 分，基层管理人员 70 分，核心员工 70—90 分，普通员工 50 分。对于核心员工的评分可以由企业管理者给出，或者由被评价人员阐述其工作内容或者工作职责，由此判断该项得分。

注：特殊人才或者特殊经历人才（个人履历情况），由管委会另行考虑加分。

2. 生产类（P）

生产类的评价重点在于从业资格（技能类证书）。评价指标如表 3 所示。

表3   生产类创新型人才职位特征评价指标表

测量指标	权重	分项指标
生产类	0.2	学历
	0.3	职称
	0.5	从业资格

（1）学历

权重分配：0.2

得分分配：硕士及以上学历 100 分，本科学历 90 分，专科与职业技术学历 80 分，高中及以下 60 分。

（2）职称

权重分配：0.3

得分分配：高级 100 分，副高 90 分，中级 80 分，初级 70 分，未评级 60 分

（3）从业资格

权重分配：0.5

得分分配：拥有与所从事职位或岗位相关的从业资格证书，根据证书级别分别给予国际级从业资格证书 100 分，国家级从业资格证书 90 分，省部级从业资格证书 80 分，地方级从业资格证书 70 分，其他培训机构证书可根据机构培训水平与声誉可以给 60—80 分，无证书 50 分。

3. 职能类（F）

职能类的测评重点在于职位等级考量。评价指标如表 4 所示。

表 4　　职能类创新型人才职位特征评价指标表

测量指标	权重	分项指标
职能类	0.2	学历
	0.2	职称
	0.4	职位等级
	0.2	从业资格

（1）学历

权重分配：0.2

得分分配：博士及以上者（包括海外留学人员与博士后）100 分，硕士（包括 MBA）90 分，本科 80 分，专科 70 分，专科以下 60 分。

（2）职称

权重分配：0.2

得分分配：高级 100 分，副高 90 分，中级 80 分，初级 70 分，未评级 60 分。

（3）职位等级

权重分配：0.4

得分分配：高管 100 分，中层管理者 85 分，基层管理人员 70 分，核心员工 60—80 分，普通员工 50 分。对于核心员工的评分可以由企业管理者给出。注：特殊人才或者特殊经历人才（个人履历情况），由管委会另行考虑加分。

（4）从业资格

权重分配：0.2

拥有与所从事职位或岗位相关的从业资格证书，根据证书级别分别给予国际级从业资格证书 100 分，国家级从业资格证书 90 分，省部级从业资格证书 80 分，地方级从业资格证书 70 分，其他培训机构证书可根据机构培训水平与声誉可以给 60—80 分，无证书 50 分。

本篇参考文献

［1］吴建成：《建立科学的人才评价体系》，《人才开发》2004 年第 8 期。

［2］王松梅、成良斌：《我国科技人才评价中存在的问题及对策研究》，《科技与管理》2005 年第 6 期。

［3］孟步瀛、陈晓田：《NSFC 管理科学项目成果评价指标体系研究》，《科研管理》1996 年第 3 期。

［4］孟步瀛：《自然科学基金管理科学项目成果评价方法研究》，《北京航空航天大学学报》1997 年第 2 期。

［5］喻承久：《社会科学成果评价指标体系分析》，《空军雷达学院学报》2005 年第 3 期。

［6］邓斌：《高校科技项目管理的绩效评估》，《国土资源科技管理》2000 年第 5 期。

［7］陆萍：《层次分析法在高等院校评价系统中的应用》，《北京工业大学学报》2002 年第 3 期。

［8］王明和等：《高校社科科研业绩综合评价指标体系的研究》，《科技管理研究》2000 年第 3 期。

［9］曹兴等：《基础研究资助项目绩效评价指标体系构建》，《湘潭大学社会科学学报》2001 年第 4 期。

［10］文魁、谭永生：《试论我国人才评价指标体系的构建》，《首都经济贸易大学学报》2005 年第 2 期。

［11］唐劭廉等：《对学术腐败的道德心理学分析》，《福建师范大学学报》（哲学社会科学版）2004 年第 4 期。

［12］李真真：《转型中的中国科学：科研不端行为及其诱因分析》，《科研管理》2004 年第 3 期。

［13］郑茂平：《高校学术失范的心理动因及学术规范的心理调控》，《西南师范大学学报》（人文社会科学版）2005 年第 3 期。

［14］井西学等：《高校优秀科技人员与普通科技人员人格特征的比较》，《健康心理学杂志》2001 年第 3 期。

［15］赵艳丽：《山东高校行政管理与教学科研人员人格因素差异分析》，《青岛科技大学学报》（社会科学版）2004 年第 3 期。

［16］李向利：《某军校科技人员 CPI 测评结果分析》，《解放军预防医学杂志》2005 年第 4 期。

［17］汪群等：《科技人才素质测评理论与应用》，科学出版社 1999 年版。

［18］孙雍君：《科技团体创造力研究的理论背景分析》，《科学学研究》2003 年第 5 期。

［19］傅世侠等：《科技团体创造力评估模型研究》，《自然辩证法研究》2005 年第 2 期。

［20］郝登峰等：《论科研团队凝聚力的结构》，《中国科学基金》2005 年第 2 期。

［21］陈春花：《科研团队领导的行为基础、行为模式及行为过程研究》，《软科学》2002 年第 4 期。

［22］丁堃：《科研团队的沟通探析》，《现代管理科学》2005 年第 1 期。

［23］周瑞超：《科研创新团队中的冲突管理》，《南宁师范高等专科学校学报》2005 年第 3 期。

［24］赵黎明：《对同行评议专家的反评估分析》，《中国科学基金》1995 年第 1 期。

［25］周颖：《同行评议中的利益冲突分析与治理对策》，《科学学研究》2003 年第 3 期。

［26］郑称德：《同行评议专家工作业绩测评及其模型研究》，《科研管理》2002 年第 2 期。

［27］樊宏：《基于 DEA 算法的科研评审排序方法与应用》，《科研管理》2002 年第 4 期。

［28］孟薇：《DEA 在定量科研评价中的应用》，《科学学与科学技术管理》2005 年第 9 期。

［29］冯学军：《A－AF 模型在科研成果评价中的应用》，《长春光学精密机械学院学报》1999 年第 1 期。

［30］刘文田：《科技成果综合评价方法研究》，《石油大学学报》（自然科学版）1994 年第 6 期。

［31］官锐园、樊富珉：《10 名大学生人际交往团体训练前后 16PF 测评》，《中国心理卫生杂志》2002 年第 7 期。

［32］王登峰、崔红：《编制中国人人格量表（QZPS）的理论构想》，《北京大学学报》（哲学社会科学版）2001 年第 6 期。

［33］王登峰、崔红：《西方"大五"人格结构模型的建立和适用性分析》，《心理科学》2004 年第 3 期。

［34］王登峰、崔红：《中国人的人格特点与中国人人格量表（QZPS 与 QZPS－SF）的常模》，《心理学探新》2004 年第 4 期。

［35］王登峰、崔红：《中国人人格特点的才干因素分析》，《中国行为医学科学》2005 年第 12 期。

［36］王登峰、崔红：《中国人人格形容词评定量表（QZPAS）的信度、效度与常模》，《心理科学》2004 年第 1 期。

［37］郑先会、毛宗福、帅永成：《人格与学术成就的关联分析》，《中国卫生质量管理》2000 年第 1 期。

［38］黄寰：《对软科学研究成果鉴定的几点思考》，《科学管理研究》2003 年第 3 期。

［39］崔立军：《高校科研成果评价的制约因素及其控制》，《辽宁师范大学学报》（自然科学版）2002 年第 3 期。

［40］王雅芝：《高校院（系）级科研绩效评价指标体系研究》，《中国煤炭经济学院学报》2001 年第 4 期。

［41］沈新尹：《关于对美国国家科学基金会基础研究绩效评价若干方法的思考》，《中国科学基金》2001 年第 5 期。

［42］王华、张程睿：《广东省工程技术研究开发中心投入效益评价指标体系研究》，《暨南学报》2005 年第 1 期。

［43］王玉英、姚友雷、雷源忠：《基金项目成果的评估系统初探》，《系统工程与电子技术》1996 年第 12 期。

［44］罗瑾琏、李思宏：《科技人才价值观认同及其结构研究》，《科学学研究》2008 年第 1 期。

［45］陈中文、饶从军、汪辉：《科技成果的模糊综合评价》，《武汉理工大学学报·信息与管理工程版》2004 年第 4 期。

［46］马跃、霍良：《科学研究评价体系中若干统计指标时间函数属性的探讨》，《科学学与科学技术管理》2003 年第 9 期。

［47］刘兴太、王世鑫、张克菊：《科研课题立项评价指标体系的应用研究》，《解放军医院管理杂志》2001 年第 3 期。

［48］Rokeach, M. (1973). *The Nature of Human Values*, NY: Free Press.

［49］Schwartz, S. H. & Bilsky, W. (1987). Toward a Universal Psychological Structure of Human Values, *Journal of Personality and Social Psychology*, 53.

［50］Britewaite V. A. & Law, H. G. (1990). Goal and Mode Values Inventeries, In Robinson, J. P. Shaver, P. R. , & Wrightsman, L. S. (Eds.) *Measures of Personality and Social Psychological Attitudes*, San Diego, CA: Academic Press, Inc.

［51］Hofstede, G. (1980). *Culture's Consequences*: *International Differences in Work Related Values*. Beverly Hills, CA: Sage.

［52］Hui, H. C. (许志超) & Triandis, H. C. (1986). Individualism collectivism: A study of Cross Cultural Researcher, *Journal of Cross Cultural Psychology*, 17.

［53］Robinson, Shaver & Wrightsman (1990), *Measures of Personality and Social Psychological Attitudes*.

［54］Joris Hoekstra. (2004) Different Housing Systems, Different Values, Different Housing Outcomes, *Paper for the ENHR Conference*, Cambridge.

［55］K. S. Rees et al. (2005), Unexpected Findings in an Alternative High School: New Implications for Values Education, *Californian Journal of Health Promotion*, Vol. 3, Issue 1, 130 – 139.

第三篇

科技创新人才成长与环境研究

——以张江高新区为例

第八章　科技创新人才成长与环境要素关联分析研究设计

第一节　组织文化相关研究

组织文化近二十多年来一直是管理学领域的热点话题。组织文化研究的两个主要理论基础是：（1）人类学基础，其特点是认为组织本身就是文化；（2）社会学基础，其特点是认为组织具有文化。而根据不同的理论基础，组织文化研究又可分为两个不同的研究途径：（1）功能主义途径，其特点是认为组织文化由集体的行为表现出来。（2）符号学（semiotic）途径，其特点是认为组织文化存在于个体的解释和认知过程中。组织文化的量化研究采用了社会学功能主义学派的观点，这一学派认为组织文化是组织的属性，可通过测量和其他组织现象区别开来，能够用来预测组织或员工的有效性。

由于研究者的训练背景、关心的主题与使用的方法各异，形成了多元化格局。其中，比较有影响力的量表包括 Chatman 构建的组织文化剖面图（Organizational Culture Profile，OCP）、Denison 等构建的组织文化问卷（Organizational Culture Questionnaire，OCQ）、Hofstede 构建的测量量表以及 Quinn 和 Cameron 构建的组织文化评价量表（Organizational Culture Assessment Instrument，CAI）。而华人学者中，又以郑伯埙构建的组织文化价值观量表（Values in Organizational Culture Scale，VOCS）传播面最广。然而，组织文化作为一种文化现象，比其他产生于西方学术界的一些概念（如组织承诺）更加具有环境依赖性。因此，为构建本土化的组织文化测量量表，还需要开展大量探索性基础工作。

对于有关组织文化—绩效路径的研究，从现有文献来看，科技人才成长的"软实现"并没有明显表述，而经济性组织主要依循组织文化—中间变量—组织绩效之路径来探寻组织绩效之实现，因此主要包括文化—绩效框架下的文化内涵、组织文化的度量以及文化—绩效中间变量研究三个方面。

组织文化和组织绩效关系研究者认为，如果组织的文化被组织成员广泛认同的话，则组织文化与组织绩效存在着某种形式的联系。基于此，文化内涵研究主要包括特质观点、环境观点和契合观点，关注的层面包括个人和组织两个层面。其中，契合观点中个人层面和组织层面的内、外契合，有相应文化度量研究，对于理解和研究科技人才、团队成长的路径提供很好的借鉴。但是随着文化研究的深入，研究者发现这种关系未必是单调的，组织文化—组织绩效路径是一个复杂的、多种因素相互作用的过程，研究也延伸到文化—绩效之间的中间变量上，具体包括组织承诺、组织学习两个方面。但研究多集中于经济性组织中的点与点之间的研究，并没有形成系统的观点。

第二节　创新氛围相关研究

一　有关组织氛围

组织氛围（或者组织气氛）的相关研究大体可以分为两类：一类是研究组织氛围的效应，即组织氛围与员工行为、组织输出等的关系；一类则是研究其他变量对组织氛围的影响。二者是密切相关的。

在第一类研究中，Tagiuri（1968）通过对组织氛围的研究，不仅提出了被广泛引用的组织氛围的定义，即组织氛围是关于一个组织内部环境的相对持久的特性，是一系列可测量的工作环境属性之集合。同时还得出组织中的成员对良好组织氛围的感受会引起满意度、生产率的增加和员工离职率降低的结论。Rousseau（1988）提出"专指氛围"（Facet - specific climate）和"泛指氛围"（Generalized climate）的概念。他认为，氛围作为组织中的隐性动力机制，是与一定的组织结果相联系的，如创新氛围（Climate for Innovation）是与组织创新相联系，安全性氛围（Climate for Safety）是与低事故率相联系的。同时他还指出，只有在专指氛围下，对氛围的解构才有意义，分离出来的维度才能进行比较，如高凝聚力作为一个氛围的维度，可能导致许多不同结果，可能是高创造力，也可能是低事故率，还有可能是对组织变革更强烈的抵触。Glick（1985）和 Rentsche（1990）也认为氛围的解构要和一定的结果相联系。Pritchard 和 Karasick（1971）则证明大多数组织氛围维度都与工作满意度有明显相关，而只有报酬水平、成就取向两个维度与业绩有关。Feng（1992）证明了在大学组织里，行政效率、员工参与、支持创新、任务取向、正规化程度与业绩显著相关。

第二类是研究其他变量对组织氛围的影响，这类研究大多数采用确定组织氛围维度、编制测量量表的方法。例如 Litwin 和 Stringer（1969）在开发组织氛围量表时，通过控制领导风格来形成不同的组织氛围，从而考察组织氛围与工作动机的关系。Litwin 和 Stringer 的研究证明了一个假设，即不同的环境要求会激发不同的动机。组织氛围一旦产生，就可以对动机产生影响，从而影响到员工工作业绩和工作满意度。Payne 和 Physey（1971）则通过制定"商业组织氛围量表"来了解组织结构对组织氛围的影响。Grojean、Resick、Dickson 和 Smith（2005）探讨了领导者价值观对组织氛围的影响，得出领导者价值观尤其是组织建立者及早期领导者的价值观影响了组织不同气氛形成的结论。

二　有关组织创新氛围

组织创新氛围是组织成员直接或间接对于组织内部环境、政策和程序对创新活动影响的知觉，该知觉影响了成员产生创新行为的动机与行为发生。组织创新氛围是与组织成员的创新动机及行为影响作用相结合，是介于组织系统变量与动机倾向间的中介变量。一方面，组织创新氛围的形成受到组织系统客观条件的影响；另一方面，组织创新氛围通过个体的知觉，引发个体动机与外显行为进而影响组织创新的效果。

关于员工创造性的研究近年来成为工作激励研究领域中的新面孔引发人们极大兴趣。研究者们先后提出了创造性的个体观、系统观、思维加工观和组织环境观来解释创造性成果产生的原因和过程。其中，随着社会科学模式的日益流行，组织环境观对创造性研究产生的影响越来越大。该观点提出个体的创造性行为不可能在真空中展开，创造者与周围环境之间有着错综复杂的关系，环境因素促进或阻碍个体的创造性成绩，探讨环境与创造性之间的关系有利于在实践活动中为创造性绩效的产生提供更好的条件。目前，组织行为学领域中的研究者们热衷于探讨影响员工创造性行为的组织环境因素及这些因素发生作用的机制。

Amabile（1996）确定了工作环境因素的较强与较弱维度，研究发现良好的环境氛围（工作组支持）能很好地预测组织创造力和生产力。Von Krogh（1998）认为：知识创造需要相互信任、积极地投入、以宽厚的态度去评判和勇气。相关研究还发现，有效的知识创造需要重视并鼓励创新的组织氛围（Zack，1999）；工作氛围能够促进企业的知识共享（Eriksson、Tschannen 和 Moran，2001）；营造一个积极的知识创造的环境需要一个深层的氛围（Von Krough 和 Nonaka，2000）；同事指导的程度越高，组织知识创造与分享的程度就越高（Scotte Bryant，2005）。

组织创新氛围的内涵是多维度的，它是组织成员对其身处工作环境的知觉描述，说明了工作环境中有无激励创新的方式、工作领域的资源多寡及管理技能的创新程度。组织创新氛围就是要创造一个可以不断培养创造性科技人才、培育适合创造性人才产生创造动机、有利于发展创造性人才创造思考技能，从而助长科技人才创造行为的企业环境。

第三节 组织成员学习方式相关研究

从将组织学习视为学习主体对环境的被动适应，到强调组织学习包含学习主体对环境变化的主动适应，再发展到认为组织能够通过反思和自我改变来驾驭环境，理论界对组织学习方式的认识经历了一个逐渐演进的过程。Argyris 和 Schon 的单环学习—双环学习—再学习理论从 20 世纪 70 年代到 90 年代的发展就是典型代表。

国内外学者对组织学习方式的研究可归纳为四种类型：第一种类型是将组织学习方式与组织学习内容的类型（知识类型）相对应，即区分组织如何选择学习客体；第二种类型是将组织学习方式与学习行为的特征相对应，即区分组织怎样进行学习行为；第三种类型是将组织学习方式与组织学习成果（知识增长）的特征相对应，即区分组织如何选择目标学习成果；第四种类型是组织学习开展的具体方式，它通常体现为对上述三种类型的组织学习方式划分在某种程度上的综合。

在根据学习行为特征划分的研究中，具有代表意义的是将组织学习方式区分为单环学习（单循环的刺激—反应）、双环学习（双循环的刺激—

反应）和再学习（学会如何控制刺激—反应循环）。单环学习（single - loop learning）只有单一的刺激—反应循环，它是一个在既定组织目标和规范下对行为的偏差加以探测并修正的过程，并不对目标本身加以质疑，其结果是组织对环境的被动适应。双环学习（double - loop Learning）把单环学习作为一个步骤并通过参与行动学习的过程更进一步。在个人层面，双环学习涉及质疑一个人自己的假设和行为；在组织层面，"当组织愿意质疑长期持有的关于组织使命、客户、能力或战略的假设时，这些学习发生了"（Argyris，1995），其结果是组织对环境的主动适应。再学习也称三环学习（triple - loop learning），即组织应该学习如何学习（学习怎样执行单环学习和双环学习的学习）。Argyris 和 Schon（1999）在进一步的研究中指出，在企业中单环学习发生的频率最高，双环学习发生的频率较低，三环学习则鲜有发生。这或许与企业组织的功能有关，三环学习更多地发生在大学和研究机构当中。

根据学习功效进行的研究中，具有代表意义的是 March 将组织学习方式区分为开发性学习和利用性学习。开发性学习是指旨在开发新领域、发现新机会的学习，它包括搜寻、变更、承担风险、实验、演练、灵活性、发现和创新等。利用性学习则是指旨在利用现有的确定性的学习，包括优化、选择、生产、效率、精选、贯彻和执行等。March 认为利用性学习在短期内是非常有效果的，但是长期来看则会导致自我破坏。组织必须在开发性学习和利用性学习之间取得一定的平衡。因此，组织成员学习方式的差异会对科技创新人才成长的效能产生不同的影响。

第四节　企业创新过程及创新价值链理论相关研究

"创新"的概念是由美籍奥地利经济学家熊彼特首次提出的。熊彼特认为所谓创新，就是建立一种新的生产函数，把一种从来没有过的关于生产要素和生产条件的"新组合"引入生产体系，通过生产要素的组合，开发新产品、新工艺，开拓新市场，进而获取超额利润的过程，创新过程的实质在于技术知识的投入产出过程。后来诺贝尔经济学奖获得者索罗对技术创新理论进行了较为全面的研究，首次提出了技术创新成立的两个条件，即新思想来源和后阶段发展，这种"两步论"被认为是技术创新界定研究上的一个里程碑。

在对创新理论的研究中，创新是一种过程的实现。创新系统意指由生产、扩散、知识的使用（指新的、经济上有用的）等元素与相互关系交互影响所组成的系统（Lundvall，1992）。创新所牵涉的活动，是涵括发明到销售的创新价值链（温肇东、陈明辉，2007）。创新价值链的概念是创新与价值链概念的有机组合，它意味着创新活动的价值创造和增值过程及与之相应的组织结构形式，反映着创新过程中价值的转移和创造，代表了创新活动的价值属性（张晓林、吴育华，2005）。若回归到产品生命周期的分析中，所谓的创新价值链或创新管理，即是在激发想象，到产品成形，甚至是成功地推出市场等商业化阶段中，通过各阶段关系的连接，跨越不同阶段的商业化鸿沟，促使技术得以发明与被应用（温肇东、陈明辉，2007）。

Morten T. Hansen 和 Julian Birkinshaw（2007）在《哈佛商业评论》上提供了一个全面的"创新价值链"理论框架。创新价值链（innovation value chain）理论认为不存在解决不同组织创新问题的普遍适用的简单方法，而是提供一个全面的理论框架。它认为创新是一个链状过程，包括"创意产生、创意转化和创意扩散"三个阶段和"内部、跨部门及外部资源获取；创意选择和创意开发；创意传播"六个关键活动。组织应着重于发现自身在创新价值链的薄弱环节，并有针对性地开展改进活动。

当然，科技创新只有与社会生产、应用紧密结合，完成整个创新价值链的全过程，其价值才能完整体现。在对创新活动不同环节的研究中，有学者发现，创新成果的价值重点不在于创意的产生，而在于创新成果的扩散。Franklin 认为，大多数的新科技从未能跨越早期采用阶段，找到适当的消费市场创造经济价值。Porter（1985）也指出，技术变革虽有助于改善产业结构，但也可能产生反效果。而 Rogers（2003）则宣称创新是一个社会扩散的历程，在他看来，创新成功与否的关键在于社会"扩散"。

远德玉等（1979）学者提出了技术创新的"田字"模式，该模式首先认为科学向实用生产技术的转化，是从因果性向目的性的转化。在这种观点下，技术创新可以具体分为先后衔接的三个阶段，是一个科学原理—技术原理—技术发明—生产技术的过程。而其中的目的性、功效性和社会经济性都是创新主体有意识的创造性思维价值体现过程，这就要求对技术创新过程进行分阶段的剖解。这种"田字"模式恰好揭示了从科学原理到生产技术整个过程中必不可少的创造性思维的存在和功能。

作为创造力核心的创造性思维的研究标志，是美国心理学家约瑟夫·沃拉斯（J. Wallas）于1945年发表的《思考的艺术》一书。在该书中，沃拉斯首次对创造性思维所涉及的心理活动过程进行了较深入的研究，并提出了包含准备、孕育、明朗和验证四个阶段的创造性思维一般模型，至今在国际上仍有较大的影响。

关于创造性思维的相关研究表明，目前学术界对创造性思维本身的研究尽管还存在着许多争议，但这门学科本身已经成熟，学科体系构建基本完成，研究内容成果也可经受住推敲，各种文献资料积累也足以表明创造性思维的研究深度。这就为该学科与其他领域进行知识和方法的横纵向结合提供了理论和实践的基本素材和物料支撑，或者说这是从创造性思维本论，向其他领域分论的基础前提。

综合以上分析可以看出，在对创新及创新价值链的现有研究中，多是将创新作为一种过程的观点进行研究，主要考察在创新过程或创新价值链中的创新从创意产生到创意实现过程与阶段特点，以及创新价值链各环节水平对组织创新绩效高低的影响。而对于创新过程（或创新价值链不同环节）中对人才创新能力及创新意识影响作用的研究则较少。

创新本质上是技术知识的投入—产出过程，创新价值链上游的基础要素主要表现为知识创新和技术创新成果，无论以新产品还是新工艺出现的创新，都包含了新的技术知识。由于知识具有公共产品特征而体现出的一定程度的外溢效应，使创新活动也表现出一定程度的生产外部性；由于某个创新主体的创新活动，使得他人和社会受益（张晓林、吴育华，2005）。即使仅仅作为创新活动的支持性参与者，由于创新知识的外溢效应，也会对其自身成长发展的创造性具有一定影响作用。考量组织环境对科技创新人才成长的作用效能，需要将"干中学"方式下的学习效应考虑在内，因此本书选择了企业创新过程作为环境要素之一，考察企业创新过程对科技创新人才成长效能的影响作用。

对于组织环境要素的研究，多是对于不同要素与绩效之关联研究，较少将科技创新人才成长的组织环境作为一个系统的观点来展开。在此将把组织作为一个统一的系统，并选择组织文化、组织创新氛围、组织成员学习方式、企业创新过程等要素为组织环境系统要素，探究诸要素对科技创新人才成长效能的关系。

第五节 研究维度与框架

根据调研内容，我们将研究维度进行了细化，确定了人才成长区域环境与成才成长组织环境的考量要素，并确定了具体的调研内容（见图8-1）。

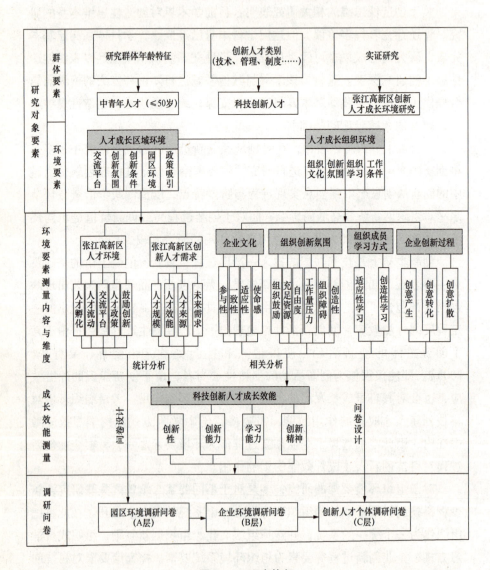

图8-1 研究构架

问卷调查的目的主要有两个：一是通过对企业组织文化环境、创新氛围以及人才成长效能等方面的调研，对数据进行相关分析，挖掘各构念之间的相互关系，分析组织文化以及创新氛围等环境因素对人才成长的作用，为人才成长环境的优化提供决策理论依据；二是通过对张江高科技园区企业中的高级管理人员、中级管理人员以及一般员工三层次人员的调查，了解张江高科技园区人才成长环境状况，发现人才成长环境中存在的问题，并据此提出对策建议。

一　组织环境要素与科技创新人才成长的测量维度

1. 组织环境要素

（1）组织文化。企业文化是"以一种指导企业一切活动和行为的价值观为基础，同时包括了信念理想、最高目标、行为规范和传统风气等内容的复合体"。借鉴 Denison（1995）提出的文化特质理论模型（TMCT），从关注内部/外部、灵活性/稳定性的角度将企业文化描述为 4 种文化特质：参与性、一致性、适应性和使命感（Denison，2006）。每种文化特质的具体内容如下：①参与性（Involvement）指组织成员对组织事务的参与程度，可以从三个方面进行描述：授权（Empowerment）指赋予员工管理自己工作的权威、主动性及能力。团队导向（Team Orientation）指所有员工为共同目标相互合作、共同努力的价值观。能力发展（Capability Development）指组织持续投资员工的能力发展以保持长期的竞争力，并满足业务发展的需要。②一致性（Consistency）指组织内部成员及事务的协调性、整合性，包含三方面指标：核心价值观（Core Values）指组织成员具有的价值观体系，借此可形成对成员行为或绩效的期望，进而形成组织内的高度一致。同意（Agreement）指组织成员能就争议性议题达成共识，或就不同意见形成和解的能力。协调与整合（Coordination and Integration）指组织内不同职能部门之间协同工作并达成目标的能力。③适应性（Adaptability）指组织适应环境需求并付诸实际行动的能力，含三个指标：创造改变（Creating Change）指组织对改变中的市场需求作出迅速反应，并能参与未来改变的能力。关注客户（Customer Focus）表明组织对使客户满意的聚焦程度，以及关注、理解并参与创造其客户需求的能力。组织学习（Organizational Learning）指组织鼓励创新、获得知识、发展技能的能力水平。④使命感（Mission）指组织通过明确描绘将来的状态，以实现组织短期、长期目标，包括三个指标：战略方向（Strategic Direction and Intent）指描述组织存在的目标，并明确如何通过组织内所有个人的努力实现该目标。目标（Goals and Objectives）是与组织的使命、愿景、战略紧密相连，为组织内个体提供了工作中的明确方向。愿景（Vision）则是通过具化组织的核心价值观，获得组织内人员在心智和思维方式上的统一，并为其提供指导和方向。

（2）创新氛围。为保证测量的一致性和信效度，对创新氛围的测量将在 KEYS 量表的基础上改进得到。在 KEYS 量表中对于创新氛围的测量主要有组织鼓励、领导鼓励、工作团队支持、充足资源、挑战性工作、自由度、组织障碍、工作量压力、创造性、多产性 10 个维度进行。企业文化与氛围在一定程度上存在交叉性，因此我们结合企业文化测量划分的维度对 KEYS 量表进行调整，从中选择对创新行为与创新绩效相关度更大的维度对企业的创新氛围进行测量。

通过比较分析可以看出，KEYS 量表测量维度中的领导鼓励（授权）和工作团队支持（团队导向）两维度已经纳入企业文化范畴进行测量，因此将这两个维度予以删除；同时，考虑到中国企业科技创新人才所从事的任务类型多偏重于事务性工作的实际，以及被试对于挑战性工作的认识存在个体差异和个体性格差异，故将挑战性工作这一维度剔除；另外，考虑到多产性更侧重于结果性指标，而创新氛围更多的是一种个体感知，故将其剔除。

综上分析，我们确定了创新氛围的测量维度：组织鼓励、充足资源、自由度、组织障碍、工作量压力、创造性。其中，组织鼓励、充足资源、自由度为促进性指标，组织障碍、工作量压力为阻碍性指标，而创造性是标准性指标。

①组织鼓励：鼓励创造的组织文化，包括 A. 公平、建设性地评判想法；B. 奖励和重视创造性工作；C. 探索新想法的机制；D. 想法有效流动；E. 对组织工作形成共同愿景。

②充足资源：能够获得适当的资源，包括资金、设施、材料和信息。

③自由度：自由决定做什么以及如何做；感觉能够把握自己的工作。

④组织障碍：阻碍创造的组织文化，包括：A. 内部政治问题，B. 严厉批评新想法，C. 破坏性内部冲突，D. 回避风险，E. 过分强调身份地位。

⑤工作量压力：极端的时间压力，对生产率的不现实期望，对创造性

工作的干扰。

⑥创造性：组织或单位，创造力得到发挥，人们相信他们从事着创造性的工作。

（3）组织成员学习方式。我们按照功效观来划分组织成员学习方式的维度，从适应性学习和创造性学习两个维度进行考量。

①适应性学习：是指旨在利用现有确定性的学习，包括优化、选择、生产、效率、精选、贯彻、执行等。

②创造性学习：是指旨在开发新领域、发现新机会的学习，包括搜寻、变更、承担风险、实验、演练、灵活性、发现和创新等。

在这一划分的基础上进一步通过正式学习/非正式学习的方式加以划分，得到四种学习方式：正式创造性学习、非正式创造性学习、正式适应性学习、非正式适应性学习。

（4）企业创新过程。创新价值链（innovation value chain）理论认为不存在解决不同组织创新问题的普遍适用的简单方法，而是提供一个全面的理论框架。它认为创新是一个链状过程，包括"创意产生、创意转化和创意扩散"三个阶段和"内部、跨部门及外部资源获取；创意选择和创意开发；创意传播"六个关键活动。组织应该着重于发现自身在创新价值链的薄弱环节，并有针对性地开展改进活动。

结合创新价值链理论，根据该理论对创新过程的阐述和测量维度，我们将按照三个阶段进行维度划分。依据对创新过程的测量，分析企业或园区整体不同创新阶段表现的强弱，据以判断创新薄弱环节，为提高创新活动绩效提供决策支撑；同时分析科技创新人才在参与创新活动的过程中对自身创新素质的影响。

2. 科技创新人才成长效能考量要素

结合国内外有关科技创新人才研究成果，我们知道对于科技创新人才特质的描述主要体现在个体的创造性、做事效率以及创新能力等方面；考虑到研究对象（科技创新人才）的特性，我们认为对其成长效能的考量还应包括其对知识的吸收能力（包括广泛吸收知识、对前沿知识的敏感性等）的提高，因此考虑将知识整合这一维度纳入科技创新人才成长效能的考量；同时做事效率与创新能力存在交叉性，故仅选择创新能力作为考察这方面的要素。

综合以上分析，我们将科技创新人才成长效能的考量要素界定为四个维度，即创新意识、创新能力、学习能力和创新精神。其中，创新意识和创新精神是从个体认知方式的角度进行衡量，创新能力和学习能力则是从个体行为方式的角度进行考量。对于测量方式的选择，创新意识与学习能力采用自评的方式，而创新能力则采用他评（上级评）的方式。具体内容为：

①创新意识：是指个体在认知方式上表现出来的创造性特质。通过衡量被试在其成长环境中认知方式的外在表现来考察。内容主要涉及：善于分享、做事专注、不拘泥于传统或习俗、喜欢变化、勇于尝试、发现新问题并可以想出解决办法等方面。

②创新能力：是指能够解决实际问题、并将创新思想运用到实际工作中、产生创新绩效的一种应用性能力。考察创造新方法、开拓新思路、善于解决困难问题、乐于共享新知识、产生创新绩效等方面。

③学习能力：是指能够广泛吸取所需知识、有效利用资源、整合资源的一种能力。考察善于沟通、保持对专业前沿知识的敏感度、知识整合等方面。

④创新精神：是指能够克服困难、专注、持之以恒地完成工作任务的一种精神状态。考察对事情的专注程度、乐于钻研等内容。

二 张江高科技园区科技创新人才成长环境

从园区和企业两个层面入手进行问卷调研，具体内容包括园区人才成长物理环境和科技创新人才需求两个方面。

1. 园区人才成长环境

为了解园区人才成长的物理环境状况，我们设计了相关问题对园区人才成长平台建设情况进行调研，主要涉及的内容有：人才孵化功能、人才流动性、人才交流机会与平台、人才引进优惠政策、对创新的奖励、未来发展规划中科技创新人才的规模。

（1）科技创新人才孵化功能：园区在对企业科技创新人才的培养方面所提供的资源支持。

（2）科技创新人才流动性：园区内科技创新人才在不同企业之间流动速率。旨在了解园区内企业为科技创新人才提供的各种从业机会和信息畅通程度。

（3）科技创新人才交流机会与平台建设：园区为科技创新人才提供的交流机会与知识分享机制建设情况。

（4）科技创新人才引进优惠政策：园区的人才政策对于科技创新人才的政策吸引力。

（5）对创新成果的奖励：园区对于创新绩效的重视程度和鼓励措施。

2. 科技创新人才需求

主要是了解在张江高科技园区中的企业对科技创新人才的需求程度，既包括对科技创新人才质的需求也包括对科技创新人才量的需求。涉及以下几方面内容：

（1）科技创新人才规模：数量、结构比例。

（2）科技创新人才效能：是否有效发挥作用、效能发挥影响因素。

（3）科技创新人才来源：培养、引进。

（4）科技创新人才未来需求：层次要求、数量需求、结构配比。

第六节　研究要素逻辑关系与假设

根据理论研究，得到的研究架构如图 8－2 所示。

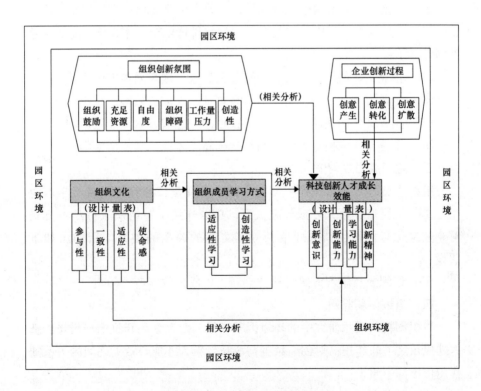

图 8－2　研究要素之逻辑关系

根据理论架构给出研究假设。

一 科技创新人才成长效能

科技创新人才成长效能是研究架构中的因变量。对于科技创新人才成长与科技创新人才效能的界定如下。

科技创新人才成长的含义：是指随着时间的推移在人才个体上表现出的不同创造性特征、创新绩效以及学习能力等要素状态的变化。成长本身是一种动态过程。

科技创新人才成长效能：是指创造性人才在某个时期其创造性特质、创新绩效以及学习能力等方面所体现的一种状态。成长是一种动态过程，而成长效能的体现具有时间累积性，它表现为某种时期的一种状态。这种状态在个体发展的不同时期会表现出差异。

科技创新人才成长效能从四个维度进行考量：创新意识、创新能力、学习能力和创新精神。

二 企业文化

企业文化是研究架构中的自变量，即研究企业文化对科技创新人才成长效能所产生的影响作用。有关企业文化与科技创新人才成长效能的关系的假设如下：

H1：企业文化的参与性特征对科技创新人才成长效能产生影响。

H2：企业文化的一致性特征对科技创新人才成长效能产生影响。

H3：企业文化的适应性特征对科技创新人才成长效能产生影响。

H4：企业文化的使命感特征对科技创新人才成长效能产生影响。

三 组织成员学习方式

组织成员学习方式是研究架构中的中介变量，考察组织成员学习对企业文化与科技创新人才成长之关系的中介作用。对组织成员学习方式对企业文化与科技创新人才成长效能之间的关系的中介作用作出如下假设：

H5：组织成员学习方式对科技创新人才成长效能产生影响。

四 组织创新氛围

组织创新氛围是研究中的环境因子变量，要考察创新氛围与科技创新人才成长之关联作用。对创新氛围与科技创新人才成长效能之间的关系的作用作出如下假设：

H6：组织鼓励对科技创新人才成长效能产生影响。

H7：充足资源对科技创新人才成长效能产生影响。

H8：自由度对科技创新人才成长效能产生影响。

H9：组织障碍对科技创新人才成长效能产生影响。

H10：工作量压力对科技创新人才成长效能产生影响。

H11：创造性对科技创新人才成长效能产生影响。

五 企业创新过程（创新价值链）

企业创新过程作为研究中的组织环境因子变量，主要考察企业创新过程对科技创新人才成长之关联作用。对创新过程与科技创新人才成长效能之间的关系作用作出如下假设：

H12：企业创意产生对科技创新人才成长效能产生影响。

H13：企业创意转化对科技创新人才成长效能产生影响。

H14：企业创意扩散对科技创新人才成长效能产生影响。

第七节 问卷结构与样本统计分析

根据理论研究分析，借鉴相关理论研究量表测量维度，进行组织环境要素的相关测量量表的设计，以保证量表设计内容的信效度满足研究内容测量的要求。

同时，为了解张江高新园区人才环境状况，进一步通过访谈、问卷等调研方式展开研究。对于科技创新人才现状的掌握主要采用问卷调查的方式，设计了相关问卷进行问卷调查，对张江高新区目前的科技创新人才及科技创新人才成长现状进行了了解。

根据以上逻辑关系和研究假设设计出企业层面、主管层面、科技创新人才层面三角度的问卷，即 A 卷、B 卷、C 卷。调查问卷样本及内容统计结果如下。

一 问卷结构

为深入了解张江高科技园区创新型人才的现状，特别是高科技园区中观（园区）和微观（企业）层面的创新环境状况，我们针对张江高新园区内企业专门设计了"张江高科技园区创新型人才需求和环境现状调查研究"企业调查问卷，分别针对企业的高层、中层、基层进行调研。

1. 问卷分类与调研对象

在问卷调查中，分别对不同的被调查群体设计了有一定差异性的问题。问卷分类和调研对象如图 8-3 所示。

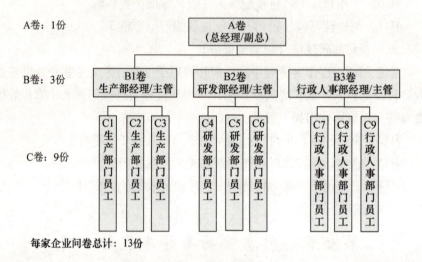

A卷：1份

B卷：3份

C卷：9份

每家企业问卷总计：13份

图 8-3　"张江高科技园区创新型人才需求和环境现状调查研究"问卷分类图

每家被调查单位共填写问卷 13 份，包括：

A 卷：《企业创新型人才需求和环境现状问卷》1 份。由高层管理者（总经理或副总经理）填写；

B 卷：《主管对员工创新绩效评价与对创新氛围感知问卷》3 份。由研发、生产、行政部门经理或主管各 1 人填写；

C 卷：《个体意识行为、企业文化和组织学习行为调查问卷》9 份。由每位填写 B 卷的经理各确定 3 名下属，共 9 名（3×3＝9 人）基层员工填写。

2. 问卷设计原则

调查问卷设计主要遵循三个原则：

一是调研数据的充实性，即保证调研问卷所获得的数据信息是研究所需的；二是问卷内容的理论依据性，即保证问卷的设计具有理论基础，而非凭空想象；三是调研问卷的信效度可靠性，即问卷的设计保证理论研究所需的信效度水平。

基于以上原则，相关问卷的设计主要借鉴了创新价值链等相关研究中比较成熟的量表（如 KEYS 量表、企业文化量表、创新价值链诊断量表），保证研究的信度和效度，同时根据张江高新区实际情况与研究目的编制了一系列问题，以保证问卷的充实性。在计量上，主要采用李克特（Likert）的 5 点计分法。

3. 问卷模块结构

整套问卷采用"层层递进、交叉印证"的模块设计方法。A 卷 7 个模块，B 卷 3 个模块，C 卷 4 个模块。A 卷填写者，高层管理者是调研的首要重点——作为企业的决策者，高层管理者掌握企业最全面的信息，和园区外部环境有着密切、广泛的交互，故此对企业的经营状况、创新能力、外部环境有较全面、整体的认识和判断。B 卷对中层管理者的调研，则通过全面问卷（KEYS 量表）进一步细化测量企业的创新氛围，并验证对高新区感受。C 卷调研了基层员工，从个人的微观层面研究创新行为和能力，并验证企业的创新氛围感受。

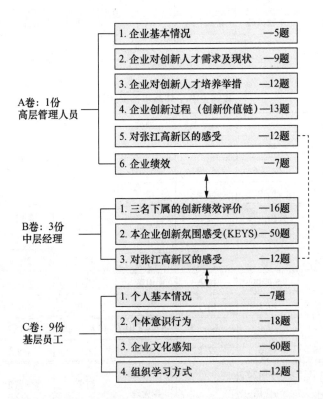

图 8-4　"张江高科技园区创新型人才需求和环境现状调查研究"问卷模块结构图

二　样本统计

问卷的发放主要通过高新区组织的会议现场、快递邮寄、电子邮件等三种方式，共发放企业 195 家，合计问卷数 2535 份。最终，调研得到反馈的企业 18 家，共计调研人数为 206 人，有效问卷数为 192 份。有效问卷中，高层管理者 17 人，中层管理者 46 人，一般员工 130 人。本次调研基本达到问卷调查的数量要求。样本基本统计情况如表 8 - 1 与表 8 - 2 所示。

表 8 - 1　　　　　　　　　　　调研企业基本情况统计

企业性质	国有企业	民营企业	外商投资	其他		
分布结构（%）	23.5	29.4	35.4	11.8		
企业规模（人）	<100	100—499	500—999	≥1000		
分布结构（%）	50.0	31.3	12.5	6.3		
所在行业	生物医药	集成电路	软件	医疗器械	国家信息安全	其他
分布结构（%）	17.6	17.6	11.8	11.8	11.8	29.4

表 8 - 2　　　　　　　　　　　被调查者个体基本情况统计

性别	男	女	缺失			
分布结构（%）	46.5	45.8	7.7			
年龄（岁）	25 以下	25—34	35—44	45—55	55 以上	缺失
分布结构（%）	16.9	61.3	12.7	4.2	0	4.9
学历	技校、高中或中专	大专	本科	硕士	博士及博士后	其他
分布结构（%）	7.7	17.6	48.6	12.7	2.8	1.6
职称	无评级	初级	中级	高级	其他	缺失
分布结构（%）	40.1	14.1	21.8	5.6	4.2	14.1
工作经验	<3	3≤n<5	5≤n<10	10≤n<15	≥15	缺失
分布结构（%）	33.6	22.5	28.8	4.9	4.9	7.7
工作职责	技术研发与应用	生产	人力资源管理	财务	市场营销	其他
分布结构（%）	38.7	14.1	13.4	12.0	4.9	9.2

从表 8 - 1 调研企业基本情况统计可以看出，就企业性质而言，调研涉及的企业涵括了国有企业、民营企业、外商投资企业等多种企业类型，样本比例较为均衡；企业规模统计显示，员工人数在 100 人以内的企业与员工人数大于 100 人的企业中，比例均衡，其中，较大规模的企业（员工人数大于 500 人）占 18.8%；企业所在行业统计显示，企业样本中涉及的行业包括生物医药、集成电路、软件、医疗器械、国家信息安全等 5 大行业。总体来看，企业样本选取的比例较为合理。

针对企业人才个体调研的 130 个样本中：男女比例较为均衡；年龄结构中以 25—34 岁之间的比例最高，为 61.3%，45 岁以下的人员累计比例达到了 90.9%，符合研究中所针对的科技创新人才群体的年龄阶段；学历结构中，本科为主体，接近 50% 的比例；被调查者的工作经验多是在 10 年以内，所占比例为 84.9%；工作职责涉及企业的技术研发与应用、生产、人力资源管理、财务、市场营销等各个部门，其中技术研发与应用所占比例最高，为 38.7%。

综合来看，根据科技创新人才创新能力发挥的规律特征，被调查者在各类人才结构比例中均达到了调研对象选择的要求，样本具有良好的代表性。

三　样本信度分析

三类问卷涉及人才成长环境及科技创新人才特质等方面信息的收集，研究内容既借鉴了一些经典研究量表，也有自我开发的一项量表内容，内容一致性需要验、利用 SPSS13.0 软件分别对三类问卷各不同方面的 Cronbach 的 α 系数进行了验证，结果如表 8 - 3 所示。

表 8 - 3　　　　　　　　　　　　样本一致性检验

层次	测量内容 α 系数（指标数）			
A 卷	总体	人才培养举措（12）	创新过程（13）	园区感知（12）	企业绩效（7）
	0.924	0.853	0.883	0.970	0.959
B 卷	总体	创新能力（16）	创新氛围（50）	园区感知（12）	—
	0.965	0.924	0.937	0.928	—
C 卷	总体	个体行为（18）	企业文化（60）	学习方式（12）	—
	0.971	0.874	0.967	0.846	—

从上面表中的 α 系数值可以看出，三类问卷整体的内容一致性都在 0.9 以上，三类问卷各自单项的测量中人才培养举措、企业创新过程、园区创新感知、企业绩效、创新能力、组织创新氛围、个体行为、企业文化以及组织成员学习方式等的信度分别能够满足本书研究的要求，样本具有良好的信度。

第九章　组织环境要素及人才成长
效能测量结果分析

根据研究设计，我们通过实证研究对科技创新人才成长组织环境中的组织文化、组织创新氛围、创新过程等要素进行了测量。同时，为区分人才个体要素的差异性，对组织成员学习方式进行了测量，以进一步观测组织成员学习方式对科技创新人才成长的影响。

第一节　组织文化

我们借鉴 Denison（1995）提出的文化特质理论模型（TMCT），从关注内部/外部、灵活性/稳定性的角度将企业文化描述为 4 种文化特质：参与性、一致性、适应性和使命感（Denison，2006）。每种文化特质的具体测量理论维度如下：

（1）参与性（Involvement）：授权、团队导向、能力发展。

（2）一致性（Consistency）：核心价值观、同意、协调与整合。

（3）适应性（Adaptability）：创造改变、关注客户、组织学习。

（4）使命感（Mission）：战略方向、目标、愿景。

为了解企业文化特质对科技创新人才成长的影响，我们运用 Denison 的企业文化量表进行了测量与分析。

一　信度分析

进行企业文化测量的样本数为 140，达到了统计的要求。运用 Alpha 系数检验量表总体及各维度的一致性，得到的 α 值如表 9 - 1 所示。

量表内容的一致性系数达到了 0.967，各维度中子维度的一致性系数除组织学习（0.585）、创造改变（0.692）、战略方向（0.684）三个维度外，其余均达到 0.7 以上。可以看出，运用该量表测量企业文化的信度水平较好，能够满足测量的需求。

表9-1　　　　　　　　企业文化问卷结构信度分析

特质	子维度	子维度一致性检验α值	量表一致性检验α值
参与性	授权	0.849	0.967
	团队导向	0.860	
	能力发展	0.767	
一致性	核心价值观	0.785	
	同意	0.717	
	协调与整合	0.781	
适应性	创造改变	0.692	
	关注客户	0.781	
	组织学习	0.585	
使命感	战略方向	0.684	
	目标	0.853	
	愿景	0.751	

二　效度分析

运用因子分析，将量表数据进行降维处理。各子维度的因子得分取各自相应指标得分平均值的情况如表9-2所示。

表9-2　　　　　　　　　因子分析

特质	子维度	子维度KMO得分	因子得分	因子变量平均分
参与性	授权	0.847	0.795	$-7.19424E-08$
	团队导向	0.835	0.802	$1.44E-07$
	能力发展	0.791	0.733	$-2.2E-07$
一致性	核心价值观	0.803	0.734	$2.88E-07$
	同意	0.770	0.689	$-7.2E-08$
	协调与整合	0.789	0.735	$-5.8E-07$
适应性	创造改变	0.722	0.671	$-2.2E-07$
	关注客户	0.733	0.738	$7.19E-07$
	组织学习	0.718	0.614	$7.19E-08$
使命感	战略方向	0.726	0.669	$7.19E-08$
	目标	0.808	0.794	$7.19E-08$
	愿景	0.792	0.723	$-3.6E-07$

采用特征值超过 1 进行因子提取，按照方差最大的方法进行因子旋转，最后得到的因子数为 12 个，且能够将 12 个因子有效划分，因此测量有良好的效度。

可以看出，每一个子维度都进行了有效的因子分析，进而得到各子维度的因子得分值。根据相应的因子得分值，进一步考察组织文化特质维度与科技创新人才成长效能之间的相关关系。

第二节　组织创新氛围

企业的创新最初始于企业中个人或团队的创意。创意必须经过个人和团队的努力，才能突破原有的思维及运营模式，形成新产品、新业务、新流程。除了直接导致创意的行动，企业内的社会环境会对创新行为的深度和频度产生影响（Amabile，1996）。这种和创新密切相关的企业内社会环境就是企业创新氛围。

我们以成熟的企业氛围感知量表（KEYS）为基础，研究高新区内企业创新氛围感知对企业绩效及创新绩效的影响，识别高新区内的企业对绩效起关键作用的创新氛围因素，为进一步改进人才环境提供决策支持。

将组织创新氛围按照理论上划分为 6 个维度：组织鼓励、充足资源、自由度、组织阻碍、工作量压力、创造性。

对组织创新氛围量表做因子分析，得到的结果较为分散，不适合做整体的因子分析。因此，按照理论划分的各维度进行因子分析。因子分析结果得到理论维度划分中细化的子维度，如表 9 - 3 所示。

表 9 - 3　　　　　　　组织创新氛围 6 维度因子分析结果统计

维度	α	条目数（个）	KMO	累积贡献度（%）	因子 1	因子 2	因子 3
组织鼓励	0.841	12	0.805	60.434	鼓励创意	鼓励创造行为	创新机制
充足资源	0.828	6	0.776	55.376	√	—	
自由度	0.688	6	0.633	62.166	工作自由度	上级管理自由度	
组织阻碍	0.902	8	0.881	60.350	√	—	
工作量压力	0.787	5	0.762	54.058	√	—	
创造性	0.884	6	0.776	63.537	√	—	

由此可以将组织创新氛围划分为 9 个维度进行测量。分别为：组织创意鼓励、组织创造行为鼓励、组织制度鼓励、充足资源、工作自由度、上级管理自由度、组织阻碍、工作量压力、创造性。

第三节　企业创新过程

一　信度分析

量表测量的有效样本数为 139 份。运用 Alpha 系数检验量表总体的一致性，得到的 α 值如表 9 - 4 所示。

表 9 - 4　　　　　　　　　　　　量表一致性检验

α 系数	测试项目数（个）
0.841	9

一致性检验系数 α = 0.841，这表明量表一致性较好，具有良好的信度。

对测量数据进行 KMO 和 Bartlett's 检验，得到 KMO = 0.654，Bartlett 球形检验的 χ^2 值为 915.318（自由度为 36），达到显著性水平（p < 0.001），因此适合做因子分析。

运用因子分析，将量表数据进行降维处理。采用特征值超过 1 进行因子提取，按照方差最大进行因子旋转，最后得到的因子数为 3 个，得到的因子能够将企业创新过程考量的内容进行有效划分，具有良好的效度。

二　因子分析

根据效度分析，测量结果适合做因子分析。运用因子分析，按照方差最大方法进行因子旋转，得到旋转因子矩阵。其中，9 指标条目的因子负荷均 ≥0.783，解释方差变异的累积数为 80.058%。

根据因子分析结果，得到三个因子。结合指标测量内容，得到的 3 个因子与理论划分维度相一致，三个因子分别为：创意产生因子、创意转化因子、创意扩散因子（见表 9 - 5）。以此可以将企业创新过程量表测量指标划分为三个维度。进一步分析中，我们将考察企业创新不同过程对于科技创新人才成长的作用程度与方向。

表9-5   企业创新过程因子分析

描述指标	因子			KMO
	（创意产生）1	（创意转化）2	（创意扩散）3	
我们的组织文化让人们很难提出新颖的创意	0.816	0.167	0.345	
我们部门的人很少提出自己的好想法	0.865	0.068	0.249	
我们的革新项目很少涉及不同部门或机构的团队成员	0.940	0.078	0.018	
我们有严格的投资新项目的制度，这常常导致新创意很难得到资金支持	0.117	0.804	0.133	
对于投资新想法，我们持避免风险的态度	0.122	0.939	0.025	0.654
新产品开发项目常常无法及时完成	0.030	0.848	0.296	
在推出新产品和新业务方面，我们太慢了	0.211	0.264	0.783	
竞争者很快拷贝我们的产品，并在其他国家抢先发售	0.052	0.148	0.903	
我们没有利用新产品和服务，充分占领所有可能的渠道、客户群和地区	0.330	0.050	0.790	

第四节　组织成员学习方式

一　量表信度分析

量表测量的有效样本数为139份。运用 Alpha 系数检验量表总体的一致性，得到的 α 值如表9-6所示。

表9-6   量表一致性检验

α 系数	测试项目数（个）
0.778	8

一致性检验系数 $\alpha = 0.778$，这表明量表一致性较好，具有良好的信度。

对测量数据进行 KMO 和 Bartlett's 检验，得到 KMO = 0.753，因此适合做因子分析。

运用因子分析，将量表数据进行降维处理。采用特征值超过1进行因子提取，按照方差最大进行因子旋转，最后得到的因子数为4个，得到的因子能够将组织成员学习方式考量的内容进行有效划分，具有良好的效度。

二 因子分析

运用因子分析法，按照方差最大方法进行因子旋转，旋转因子矩阵如表9-7所示。因子分析结果得到2个因子。

表9-7   组织成员学习方式因子分析

描述		创造性学习因子	适应性学习因子	KMO值
参加公司里的理论或专业知识的培训	此时我希望得到更多工作细节的说明	0.444	0.410	
	此时我通常是有选择地去接受新知识	-0.072	0.764	
参加公司里正式的经验学习交流会	此时我通常会遵从他人的意见	0.846	0.026	
	此时我通常能够提供新思路、新方法	0.214	0.724	
针对需要解决的问题，集思广益地交流意见和想法，并付诸实践	在讨论中，一直到明显需要的时候我才说出自己的想法	0.691	0.175	0.753
	在讨论中，我能够从多种观点中脱颖而出	0.262	0.732	
和曾经一起工作的同事们经常交换经验和知识	此时我通常会接受他人的观点	0.795	0.196	
	此时我可以在几个新观点之间作出权衡	0.200	0.656	

根据指标描述的内容和因子分析结果，可以将旋转矩阵中的4个因子划分出有实际意义的2个因子。得到的2个因子分别为：创造性学习因子和适应性学习因子。

而个体在组织内的学习又可以分为正式组织学习和非正式组织学习两类。通过内容划分后，运用因子分析得到4种组织成员学习方式：创造性正式组织学习、创造性非正式组织学习、适应性正式组织学习、适应性非正式组织学习。贡献度与因子得分情况如表9-8所示。

表9-8   组织成员学习方式细化类型因子分析

组织成员学习方式类型	贡献率（%）	因子得分
创造性正式组织学习	68.441	0.827
创造性非正式组织学习	72.592	0.852
适应性正式组织学习	65.486	0.809
适应性非正式组织学习	70.137	0.837

三 组织成员学习方式与组织文化相关性分析

将组织成员学习方式 2 个因子及 4 种细化的组织成员学习方式类型维度与组织文化各维度进行相关性分析。得到的分析结果如表 9－9 所示。

表 9－9　　　　　　　组织成员学习方式与组织文化相关性分析

	创造性学习	适应性学习	创造性正式学习	创造性非正式学习	适应性正式学习	适应性非正式学习
授权	0.547(＊＊)	0.184(＊)	0.487(＊＊)	0.522(＊＊)	0.278(＊＊)	0.286(＊＊)
团队导向	0.517(＊＊)	0.185(＊)	0.479(＊＊)	0.502(＊＊)	0.229(＊＊)	0.302(＊＊)
能力发展	0.497(＊＊)	0.297(＊＊)	0.441(＊＊)	0.527(＊＊)	0.308(＊＊)	0.410(＊＊)
核心价值观	0.499(＊＊)	0.191(＊)	0.452(＊＊)	0.498(＊＊)	0.223(＊＊)	0.302(＊＊)
同意	0.418(＊＊)	0.390(＊＊)	0.389(＊＊)	0.496(＊＊)	0.347(＊＊)	0.463(＊＊)
协调与整合	0.407(＊＊)	0.426(＊＊)	0.361(＊＊)	0.511(＊＊)	0.414(＊＊)	0.462(＊＊)
创造改变	0.505(＊＊)	0.199(＊)	0.473(＊＊)	0.455(＊＊)	0.246(＊＊)	0.325(＊＊)
关注客户	0.355(＊＊)	0.347(＊＊)	0.342(＊＊)	0.420(＊＊)	0.315(＊＊)	0.390(＊＊)
组织学习	0.573(＊＊)	0.224(＊＊)	0.547(＊＊)	0.531(＊＊)	0.299(＊＊)	0.347(＊＊)
战略方向	0.494(＊＊)	0.193(＊)	0.428(＊＊)	0.524(＊＊)	0.232(＊＊)	0.279(＊＊)
目标	0.551(＊＊)	0.285(＊＊)	0.447(＊＊)	0.636(＊＊)	0.285(＊＊)	0.408(＊＊)
愿景	0.558(＊＊)	0.190(＊)	0.456(＊＊)	0.600(＊＊)	0.230(＊＊)	0.318(＊＊)

注：＊＊代表显著性水平在 0.01 置信区间的双边检验相关性，＊代表显著性水平在 0.05 置信区间的双边检验相关性。

两者相关分析结果显示，组织成员学习方式与企业文化呈显著性完全正相关关系，可以判断企业文化对组织成员学习方式有一定程度的正向影响，企业文化对组织成员学习方式的影响会进一步影响科技创新人才的成长。

第五节　科技创新人才成长效能

对科技创新人才成长效能的考量，我们是在综合相关研究测量量表的基础上，结合研究对象的特征，设计出了科技创新人才成长效能测量问卷。这里界定科技创新人才成长效能是指创造性人才在某个时期其创造性特质、创新能力以及学习能力等方面所体现的一种状态。

一 量表信效度分析

量表测量的有效样本数为 139 份。运用 Alpha 系数检验量表总体的一致性，得到的 α 值如表 9 - 10 所示。

表 9 - 10 一致性检验

α 系数	测试项目数（个）
0. 874	18

一致性检验系数 α = 0. 874，这表明量表一致性较好，具有良好的信度。

对测量数据进行 KMO 和 Bartlett's 检验，得到 KMO = 0. 852，因此适合做因子分析。

运用因子分析，将量表数据进行降维处理。采用特征值超过 1 进行因子提取，按照方差最大进行因子旋转，最后得到的因子数为 4 个，得到的因子能够将科技创新人才成长效能考量的内容进行有效划分，具有良好的效度。

二 因子分析

运用因子分析，按照方差最大方法进行因子旋转，旋转因子矩阵如表 9 - 11 所示。因子分析结果得到 4 个因子，因子累计贡献率为 60. 147%，为可接受的效度。

根据指标描述的内容和因子分析结果，可以将旋转矩阵中的 4 个因子划分出有实际意义的 4 个因子。得到的 4 个因子分别为：创新意识因子、创新能力因子、学习吸收知识能力因子和创新精神因子。

表 9 - 11 科技创新人才成长效能因子分析

描 述	创新能力因子	创新意识因子	学习吸收知识能力因子	创新精神因子
经常把我所知道的知识传授给同事	0. 643	0. 038	0. 390	0. 049
经常在工作中想出有独创性的思想	0. 780	0. 193	0. 049	0. 168
对于工作中一些老问题有新的分析角度	0. 775	-0. 043	0. 191	0. 186
经常鼓励我的同事	0. 703	0. 101	0. 242	-0. 003

续表

描 述	创新能力因子	创新意识因子	学习吸收知识能力因子	创新精神因子
可以在几个新观点之间作出权衡	0.461	0.370	0.276	0.053
在讨论中，能从不同意见中脱颖而出	0.699	0.340	-0.110	0.271
善于总结，拥有自己的知识库	0.512	0.248	0.457	0.127
经常为了做一件与众不同的事情而冒险	0.471	0.503	-0.215	0.375
需要频繁的变化来获得激情	0.080	0.788	0.026	0.144
喜欢变化现有的思路	0.159	0.703	0.053	0.220
经常关注行业知识动态，能够及时收集、学习、整理和更新知识	0.385	0.464	0.356	-0.286
在与他人的交流中我能够获取有用的知识，从中受益	0.149	-0.204	0.702	0.092
我能够在各种知识中提取出对自己工作有用的东西	0.141	0.093	0.804	0.024
对于问题困惑，愿意与人交流以启发思路	0.204	0.445	0.586	-0.084
经常为了一件事情而冥思苦想	0.255	0.150	0.064	0.699
更喜欢创造新的思路而非改进原有的思路	0.405	0.415	-0.085	0.450
更喜欢在一段时间里把精力放在一件工作上	0.110	0.062	0.021	0.799
更希望变化是逐渐的而非突然的	-0.086	0.431	0.396	0.514

第十章 科技创新人才成长效能与组织环境要素相关性分析

通过对组织环境要素及科技创新人才成长效能测量检验结果，得到各构念的不同测量维度。为了了解组织各环境要素对科技创新人才成长效能的影响作用，我们将通过相关分析，考察组织环境要素与科技创新人才成长效能之关联，为进一步完善科技创新人才成长环境提供决策支持。

第一节 科技创新人才成长效能与组织文化相关性分析

企业所表现出来的组织文化特质差异，会引导企业员工对创新、变革产生不同认知。因此，我们将进一步考察组织文化对科技创新人才成长效能的影响作用与方向。

根据因子分析结果，将科技创新人才成长效能 4 个维度与组织文化各维度进行相关性分析。得到的分析结果如表 10 - 1 所示。

表 10 - 1 　　　科技创新人才成长效能与组织文化相关性分析

	创新能力因子	创新意识因子	学习吸收能力因子	创新精神因子
授权	0. 372（＊＊）	0. 283（＊＊）	0. 107	0. 229（＊＊）
团队导向	0. 323（＊＊）	0. 286（＊＊）	0. 047	0. 171（＊）
能力发展	0. 338（＊＊）	0. 318（＊＊）	0. 010	0. 257（＊＊）
核心价值观	0. 384（＊＊）	0. 302（＊＊）	－ 0. 024	0. 271（＊＊）
同意	0. 326（＊＊）	0. 386（＊＊）	0. 029	295（＊＊）
协调与整合	0. 336（＊＊）	0. 322（＊＊）	－ 0. 072	0. 326（＊＊）
创造改变	0. 360（＊＊）	0. 338（＊＊）	－ 0. 059	0. 232（＊＊）
关注客户	0. 231（＊＊）	0. 371（＊＊）	－ 0. 160	0. 315（＊＊）

续表

	创新能力因子	创新意识因子	学习吸收能力因子	创新精神因子
组织学习	0.320 （**）	0.196 （*）	−0.014	0.254 （**）
战略方向	0.409 （**）	0.249 （**）	0.167 （*）	0.246 （**）
目标	0.350 （**）	0.304 （**）	0.133	0.283 （**）
愿景	0.354 （**）	0.264 （**）	0.101	0.275 （**）

注：** 代表显著性水平在 0.01 置信区间的双边检验相关性，* 代表显著性水平在 0.05 置信区间的双边检验相关性。

从表 10-1 可以看出，在科技创新人才成长效能维度中，创新能力（将创意转化为创造力的能力）、创新意识（认知方式上的创造性特质）、创新精神（具有持之以恒的做事方式）三个因子与企业文化各维度均呈正相关关系。其中：对于创造能力因子而言，组织文化中的"对员工有效授权"、"具有明确一致的核心价值观"、"具有应对变革及环境变化的能力（创造改变）"、"具有明确的战略发展方向"、"具备达成广泛共识且共同努力实现的目标和愿景"等 6 个维度对其影响作用显著性更大；对于创新意识因子，"面对困难和分歧时，易于统一意见的强势文化（同意）"和"公司对于客户的依赖程度（关注客户）"两个企业文化维度对其影响程度相对较大；对于创新精神因子，"内部不同部门与层级之间的协调与合作（协调与整合）"、"公司对客户的依赖程度（关注客户）"两个维度对其影响程度相对较大。同时，学习吸收知识能力因子仅与企业文化中的战略方向维度呈正相关关系。

从文化特质的角度来分析，参与性、使命感、一致性与适应性四个文化特质对科技创新人才的创新意识因子具有显著影响；相比参与性与使命感特质，适应性与一致性特质对科技创新人才成长的创新能力因子影响程度更大；一致性特质对于创新精神因子的影响程度相对较大。因此，假设1、假设 2、假设 3、假设 4 得到验证。

第二节　科技创新人才成长效能与组织创新氛围相关性分析

良好的企业创新氛围能够有效激励企业员工，使企业人才更好地发挥个体效能，进而为创造企业绩效提供人才保障。研究表明，人才个体对于组织创新氛围的感知在一定程度上会对组织绩效产生影响与作用。创新氛围对科技创新人才的影响作用是对个体创新绩效影响的一个方面。因此，我们采用相关量表对创新氛围进行测量，进而分析组织创新氛围与人才成长效能之间的关系。

根据因子分析结果，将科技创新人才成长效能 4 个维度与组织创新氛围各维度进行相关性分析。得到的分析结果如表 10 - 2 所示。

表 10 - 2　　　　组织创新氛围与科技创新人才成长效能相关分析

	创新意识	创新能力	学习能力	创新精神
组织创造行为鼓励	0. 062	0. 058	0. 066	0. 063
组织创意鼓励	0. 174（＊）	0. 015	0. 199（＊）	－ 0. 039
组织创新机制鼓励	－ 0. 012	0. 115	－ 0. 003	0. 032
充足资源	0. 038	0. 266（＊＊）	－ 0. 039	0. 085
工作自由度	0. 002	0. 099	0. 057	0. 005
上级管理限制（即自由度维度，采用反向计分）	0. 054	0. 304（＊＊）	－ 0. 203（＊）	0. 122
组织阻碍	0. 175（＊）	0. 265（＊＊）	－ 0. 207（＊）	0. 199（＊）
工作量压力	0. 076	0. 247（＊＊）	－ 0. 167	0. 125
创造性	0. 147	0. 256（＊＊）	0. 079	0. 109

注：＊＊代表显著性水平在 0. 01 置信区间的双边检验相关性，＊代表显著性水平在 0. 05 置信区间的双边检验相关性。

相关分析结果表明，对科技创新人才的"创新意识"特质有正向关联的组织创新氛围要素有：组织创意鼓励、组织阻碍；对"创新能力"有正向关联的组织创新氛围要素有充足资源、组织阻碍、工作量压力、创造性等维度，而上级管理限制具有反向影响；对"学习能力"有正向关联的组织创新氛围要素有组织创意鼓励和上级管理限制两项，有负向作用的要素为组织阻碍维度；对"创新精神"有正向作用的组织创新氛围要素为组织阻碍。因此，假设 6、假设 7、假设 8、假设 9、假设 10 与假设 11 得到验证。

综合上述相关分析结果，可以看出，组织创新氛围对于科技创新人才成长具有一定的影响作用。创新氛围诸要素对科技创新人才创新能力的影响作用相对较大，且均为正向影响；而"组织阻碍"要素对科技创新人才成长的4方面都有显著影响作用，其中对于学习能力具有反向的作用。

第三节　科技创新人才成长效能与组织成员学习方式相关分析

在组织环境对科技创新人才成长影响的同时，组织成员学习方式的差异也会对科技创新人才成长具有不同影响。创造性学习与适应性学习的不同对科技创新人才特质的影响会有差异。因此，我们在分析文化、氛围环境的基础上，进一步分析组织成员学习方式的差异性与科技创新人才成长不同要素之间的关联性。

将科技创新人才成长效能4个因子与组织成员学习方式中的创造性学习与适应性学习两个因子进行相关性分析。得到的分析结果如表10-3所示。

表10-3　　组织成员学习方式与科技创新人才成长效能相关性分析（01）

	创新意识	创新能力	学习吸收知识能力	创新精神
创造性学习	0.596（＊＊）	0.254（＊＊）	0.092	0.141
适应性学习	0.148	0.177（＊）	-0.049	0.303（＊＊）

注：＊＊代表显著性水平在0.01置信区间的双边检验相关性，＊代表显著性水平在0.05置信区间的双边检验相关性。

从表10-3可以看出，组织成员的创造性学习方式与科技创新人才成长的创新意识因子和创新能力因子呈显著正相关关系，而组织成员的适应性学习方式与科技创新人才成长的创新能力因子和创新精神因子呈显著正相关关系。这表明，组织成员的创造性学习能够有效提升科技创新人才成长的创造性，提高科技创新人才的创新能力；组织成员的适应性学习对科技创新人才创新能力的提升、创新精神的培育有正向影响。同时，两类组织成员学习方式对于科技创新人才学习吸收知识的能力没有表现出关联性。

　　进一步对组织成员学习方式细化类型进行相关性分析。按照组织成员学习方式中创造性正式组织学习、创造性非正式组织学习、适应性正式组织学习、适应性非正式组织学习等 4 种方式划分结果，将组织成员学习方式与科技创新人才成长效能进行相关分析。分析结果如表 10 - 4 所示。

表 10 - 4　组织成员学习方式与科技创新人才成长效能相关分析（02）

	创造意识	创新能力	学习吸收知识能力	创新精神
创造性正式组织学习	0.527（＊＊）	0.209（＊）	0.023	0.118
创造性非正式组织学习	0.572（＊＊）	0.287（＊＊）	0.101	0.266（＊＊）
适应性正式组织学习	0.307（＊＊）	0.187（＊）	0.004	0.182（＊）
适应性非正式组织学习	0.202（＊）	0.231（＊＊）	-0.016	0.344（＊＊）

　　注：＊＊代表显著性水平在 0.01 置信区间的双边检验相关性，＊代表显著性水平在 0.05 置信区间的双边检验相关性。

　　从细分的组织成员学习方式与科技创新人才成长效能相关分析结果可以看出，四种组织成员学习方式均对科技创新人才成长的创新意识和创新能力有显著正向影响，与学习吸收知识能力均未表现出关联性；创造性正式学习及适应性正式、非正式学习均对科技创新人才成长的创新精神有显著正向影响，创造性正式学习与创新精神无相关性。此时，假设 5 得到验证，而其中学习吸收知识能力维度与组织成员学习方式的相关性验证结果不显著。

　　由此看出，创造性学习方式与适应性学习方式对于科技创新人才成长创新能力的培养均有显著影响；创造性学习方式对于科技创新人才成长的创新意识特质和创新能力有显著性影响，尤其对于创新意识特质的形成起着重要作用；适应性学习方式对科技创新人才成长的创新能力和创新精神有显著影响。其中，创造性学习中，正式组织学习方式对科技创新人才成长的创新意识、创新能力有显著性正向影响，而非正式组织学习方式对科技创新人才成长的创新意识、创新能力和创新精神有显著正向影响；在适应性学习中，正式组织学习方式和非正式组织学习方式均对科技创新人才成长的创新意识、创新能力、创新精神有显著正向影响。

第四节　科技创新人才成长效能与企业
创新过程相关性分析

企业创新活动是创新绩效产生的重要环节。企业员工在企业创新活动的过程中，通过对创新过程的研究、学习、讨论等方式的参与过程，其创新知识、能力及创新思维必定得到进一步提升。为了研究创新过程与科技创新人才成长的作用，我们将分析企业创新过程对科技创新人才成长效能的关联性。

将科技创新人才成长效能 4 个维度与企业创新过程中三个阶段维度进行相关性分析。得到的分析结果如表 10 – 5 所示。

表 10 – 5　　　科技创新人才成长效能与企业创新过程相关性分析

	创新意识	创新能力	学习能力	创新精神
创意产生	0.062	0.365（＊＊）	− 0.278（＊＊）	0.094
创意转化	0.171	0.301（＊＊）	0.153	0.192（＊）
创意扩散	0.035	− 0.009	− 0.166	0.138

注：＊＊代表显著性水平在 0.01 置信区间的双边检验相关性，＊代表显著性水平在 0.05 置信区间的双边检验相关性。

相关分析表明，企业创新过程的不同阶段对科技创新人才的成长有一定关联。其中，创意产生过程对科技创新人才的创新能力有积极的正向影响作用，而与学习能力呈反向影响作用；创意转化过程对科技创新人才的创新能力与创新精神有积极的正向作用；创意扩散过程对科技创新人才的创新意识、创新能力、学习能力、创新精神没有显著影响。

可以看出，企业创新过程中，创意产生和创意转化过程对于科技创新人才的成长具有较为显著的影响，而创意扩散过程对科技创新人才成长不具备显著影响作用。此时，假设 12、假设 13 得到验证，假设 14 没有得到验证。

第五节　假设检验结果

根据对组织文化、组织创新氛围、组织成员学习方式及企业创新过程等环境要素的测量，得到各环境要素测量有效性结果；通过相关分析，得到组织环境要素与科技创新人才成长效能之关联结构。假设检验结果如表10-6所示。

表10-6　　　　　　组织环境与科技创新人才成长效能之关联结构

环境要素	维度	科技创新人才成长效能				假设检验	
		创新能力	创新意识	学习吸收能力	创新精神	假设	检验结果
组织文化	授权	**	**	/	**	H1	√
	团队导向	**	**	/	*		
	能力发展	**	**	/	**		
	核心价值观	**	**	/	**	H2	√
	同意	**	**	/	**		
	协调与整合	**	**	/	**		
	创造改变	**	**	/	**	H3	√
	关注客户	**	**	/	**		
	组织学习	**	*	/	**		
	战略方向	**	**	*	**		
	目标	**	**	/	**	H4	√
	愿景	**	**	/	**		
组织成员学习方式	创造性学习	**	**	/	/	H5	√
	适应性学习	/	/	/	**		
创新氛围	组织（创意）鼓励	*	/	*	/	H6	√
	充足资源	/	**	/	/	H7	√
	（上级管理限制）自由度	/	**	-*	/	H8	√
	组织阻碍	*	**	-*	*	H9	√
	工作量压力	/	**	/	/	H10	√
	创造性	/	**	/	/	H11	√
创新过程	创意产生	/	**	-**	/	H12	√
	创意转化	/	**	/	*	H13	√
	创意扩散	/	/	/	/	H14	—

注：** 表示显著性水平在0.01置信区间的双边检验相关性，* 表示显著性水平在0.05置信区间的双边检验相关性，／ 表示不相关。

第十一章 科技创新人才成长
环境改善与优化

　　环境是人才成长的外部影响因素，科技创新人才的成长离不开与其息息相关的外部环境。如何构建有利于科技创新人才成长的外部环境，培养更多科技创新人才，进而提升社会的整体创新能力，是实现科技发展与人才强市战略的重要保障。根据对目前科技创新人才的调研及分析结论，结合发现的人才成长环境问题，在借鉴国内外成功经验的基础上，针对张江高科技园区环境和企业环境的问题提出人才改进措施，并据此提出上海市优化科技创新人才成长环境的对策建议。

第一节　园区环境与组织环境改进措施

一　完善科技创新人才成长的园区环境

　　对于中观环境的完善，我们将根据研究调研分析结论中发现的问题，结合张江高科技园区的园区建设提出相应的对策建议。园区层面所涉及的问题包括园区生活环境、园区研发环境以及园区创新环境等方面。

1. 园区生活环境

　　从国外科技园区成功发展的经验来看，建造舒适便捷的生活环境对于吸引人才和保留人才至关重要，同时，舒适的生活环境也有利于科研人才安心工作，从而创造更好的创新绩效。以韩国大德科技园区为例，园区内科研设施和教育设施面积约占整个园区的46%，生活区占10%，绿化面积达到43%，园区内生活环境十分舒适，而张江高科技园区的生活环境尚不够舒适宜人。为改善张江高科技园区的生活环境，张江高科集团以及政府应从住房、教育、交通以及生活娱乐配套设施等方面入手。

　　（1）住房问题。从住房来看，目前张江高科技园区附近房源紧张，造成很多园区内员工不得不"舍近求远",选择离园区较远的地方居住,从而每日上下班多有不便。针对此问题,我们建议张江高科集团与房地产开发商加强合作,增加张江地区的住房建筑面积,解决房源紧张的问题。此外,目前张江地区"青年公寓"的运营,对解决职场新人的住房问题、缓解生活压力等起了十分重要的作用,今后这一政策应当继续实行,同时有所改进。目前"青年公寓"多满足"两人合租一室,多人共用一套"的住房需求,并且人均住房面积过小。因此,在今后的发展过程中,应该扩大"青年公寓"建设面积,推出不同档次的公寓,满足不同层次人才的住房需求,以使该政策所惠及更多员工。

(2) 园区内交通配套设施。科技创新人才中很大一部分群体主要依靠公共交通工具解决上下班的通勤问题,因此公共交通的改善对于改善科技创新人才的工作环境有着重要作用,对于吸引和保留科技创新人才至关重要。目前,园区内的园区环线并没有很好地解决从地铁站到园区内各企业的交通问题,新推出的地铁站自行车租赁受到自行车投放规模以及与几十个产业园的协调问题。为更好地解决这个问题,张江高科技园区可通过协调,实现在园区内推出放射状的公交线路来弥补当前园区环线的不足;同时,在高峰时间,提高公交车的发车频率,使得园区内交通更为快捷。针对自行车租赁需加大自行车的投放力度,进一步与园区内产业园协商以扩大自行车投放和归还点,通过租赁自行车的方式解决短程通勤问题。

(3) 园区内生活配套设施。科技创新人才由于年龄、科研压力等因素对于娱乐、休闲、日常交际等有着较高的需求,园区生活配套设施的建设也是提升科技创新人才生活品质、满足其创新动机的重要内容。因此,张江高科技园区以及上海市政府应意识到这一需要,努力加强园区内以及园区周围地区生活配套设施的建设,满足科技创新人才的日常需求。例如建立球类、棋类、舞蹈、艺术等俱乐部,并定期举办交流和比赛等活动,丰富园区内员工的业余生活。目前园区内虽有龙舟比赛、啤酒节等活动,但是常规性活动缺乏,建立业余爱好俱乐部并举办常规性活动可以解决目前存在的这一问题。同时,园区还应当加强文化建设。例如,在园区内建立一个园区图书馆,并配备咖啡吧等配套设施,使得园区内员工可以利用周末时间在该图书馆内实现"充电"、放松和交流的有效结合。

2. 园区研发环境

研究表明,对科研人员的激励要素中,自身专业知识和能力的提升、研究工作被认可度以及自身职业生涯的发展对于科研人员来说具有重要的意义。为确保园区内具有良好的研发环境，园区应当促进公共研发平台、专业交流平台以及人才服务平台的建设，以满足其职业发展的需要。

（1）公共研发平台。从其他先进高新区的发展经验来看，行业协会和企业联盟在促进园区内企业公共研发平台建设方面起着十分重要的作用。园区内的企业由于规模各异，一些中小型企业往往很难独立购买价格昂贵的科研设备，而通过行业协会或者企业联盟可以集资方式购买设备，以租赁方式供企业使用。这方面张江高科技园区内的企业已经有所尝试，例如张江药谷技术服务中心投资 1000 多万元，建成了配备有 30 余件昂贵分析仪器和细胞房、无菌房等高级实验设施的公共实验室。其他企业可来租用那些利用率不高，但又是某个研发阶段必须使用的昂贵仪器。在今后的发展阶段，园区应当采取更多措施倡导不同行业的企业建立类似联盟，通过共享研发平台来提高各自研发实力，取得更多科技创新成果。

同时，园区需要进一步发展园区内企业与高校和科研机构之间的公共研发平台建设。目前，园区内已经引进了复旦大学、上海中医药大学、交通大学信息安全学院、中国科技大学、西安交通大学等高等院校的学院和研究所，但是跟其他先进的科技园相比，园区与高校和科研机构的联系尚不够密切。日本的筑波科学城集中了国立科教机构 46 所；韩国的大德科技园区集中了 4 所大学和 20 多个科研机构（其中多数是国立科研院所）；中国台湾地区的新竹科技园则靠近台湾清华大学、交通大学、工业技术研究院、精密仪器发展中心等几十所大专院校和科研单位，在它们的发展中这些机构为科技成果的发明与转化及园区发展起到了积极作用。因此，在今后的发展过程中，上海张江高科技园区应当结合产业发展定位，加强与科研机构的联系，引进更多的科研机构，促进研究成果的转化。此外，园区应倡导园区内企业加强与高校和科研机构对人才的联合培养，例如高校和企业联合培养博士以及博士后等人才，加强园区内企业研发需要和高校科研力量的结合，培养更多的科技创新人才。

除了以上研发平台，张江高科技园区也需加强与国内外其他园区的联合研发平台建设，特别是加强与国外先进科技园区的交流和研发合作。张江高科技园区近年来吸引了较多的海外留学以及研发人员，但是园区内缺乏有效的机制和政策促进这些人员和原来所在园区（如硅谷）的联系、非正式合作和交流等。针对这个问题，建议张江高科技园区借鉴台湾新竹科技园区的做法，通过建立类似台湾工程研究院的专业和商业的协会来促进海外归国人员与原所在地区的联系，并推动跨地区的研发合作、商业合作、投资和技术转移等。

（2）专业交流平台。建造专业交流平台的方式可以分为两类：一类是网上交流平台，一类是现实交流平台。针对第一类平台的建设，张江高科技园区可以通过建立园区技术交流网上论坛的方式进行。针对高新区目前行业发展的特点与需要，可将论坛设置不同的技术版面，园区内员工在日常科研中遇到的技术问题（非公司内机密问题）可通过网上提问由网友回答的方式获得解决。通过宣传和引导，使论坛明确其专业性和学术性的发展定位；论坛运作采用开放的思维，通过开展网络竞赛等形式激励各类专业人才，广泛吸引更多的科研人员参与到这种平台提供的专业交流中，使之在交流中更快地成长。现实交流平台对于深层次问题的解决更为便捷与重要。在这一方面，园区可以考虑牵头建设专业交流俱乐部，将本技术领域内的专家和工作人员以及爱好者聚集起来，定期通过研讨会的方式交流科研问题。

（3）人才服务平台。在人力资源服务平台方面，目前尚缺乏专门针对科技创新人才的引进、激励和保留的政策和服务，因此，今后张江高科技国在发展过程中应当在此方面制定出更多政策。在科技创新人才的引进方面，对于拥有技术专利的海外归国人员以及国内其他园区工作人员和科研机构工作人员，张江高科技园应给予更多的优惠待遇，以更好地吸引科技创新人才入驻园区。在人才激励方面，张江高科园区应采取物质激励和非物质激励相结合的手段，在物质激励方面可通过为创新人员提供住房补贴等方式激励科技创新人才；在非物质激励方面，园区应采取一系列措施为其创造适宜科研和生活的环境，促进其科研工作。

3. 园区创新环境

张江高科技园区内企业在自主创新方面仍显不足，对于国外先进技术的吸收和再创新也不够，多是停留在直接引进产品和技术的阶段。为解决这一问题，提高园区内企业的自主创新能力，园区必须采取必要措施营造良好的创新环境。

（1）加强人才政策宣传。调研结果表明，张江高科技园区实施的人才政策宣传力度不够，导致很多人才并不知道自己在政策受惠范围之内，也就享受不到有关人才政策。这在一定程度上不利于吸引优秀人才入驻园区，也不利于激发园区内科技创新人才的工作动力。针对这一问题，建议张江高科技园区采取多种有效手段对人才政策进行宣传。具体地讲，可通过以下途径来实现人才政策的有效宣传：一是建立网上宣传渠道。通过建立专门的人才服务论坛，使得园区内员工及对赴园区工作感兴趣的人了解园区吸引科技创新人才以及激励科技创新人才的措施。二是印刷有关人才政策的宣传册，发放给各企业，使得园区内员工随时可以翻阅或参考园区内人才政策，从而了解自己可从哪些政策中获益。三是有新政策出台时，应及时与园区内企业的人力资源部门联系，保证园区内新政策能通过企业的人力资源部门下达到员工。

（2）加强对自主创新科研成果的奖励。对自主创新科研成果的奖励可以有效地激励人才的创新行为，进而实现更多的科技创新成果转化。张江高科技园区可通过丰富的奖励措施实现创新激励。目前，张江高科技园区已设立了对先进科技创新成果的奖励基金。在今后的发展过程中，园区可以通过各种融资措施，使得该基金规模扩大，从而加强对科技创新人才的奖励力度。

另外，对于科技创新人才的非物质奖励也很重要，在物质奖励的基础上应该补充非物质奖励措施以优化激励效果。比如为表现优异、有潜质的科技创新人才提供更多的专业培训机会，甚至是出国培训、掌握国外先进知识和研究经验的机会。通过培训以及到国外学习交流的方式，规范其职业发展路径，激发科技创新人才的创新动机，提高他们的科研能力，实现更多的科技创新成果。此外，为增加优秀科技创新人才的认可度，园区可通过各种宣传手段对其进行表彰，通过组织研讨会、沙龙等形式为其提供分享个人科研经验的平台也是有效的激励方式。

（3）积极促进园区内创新研究成果的转化。风险投资的有效引进为创新成果转化提供了有力的资金保障，发挥着重要的基础支撑作用。以硅谷为例，美国现有的600多家风险投资公司中，50%都位于硅谷。张江高科也引进了一批风险投资机构，但是张江风险投资的制度建设尚不够完善，支撑这些风险投资公司的主体是政府，真正市场化风险投资行为还不多。因此，在今后的发展中，对于风险投资机构的管理需要将市场发展的主动权还给企业，在政策上给予一定的扶持，建立多元化、多层次、多渠道的投融资体系。在观念方面，园区应倡导人们在对风险投资作用的理解上克服片面性，不要忽视伴随着风险投资而来的创新信息、知识和理念的交流、传播和互动。

二 提升科技创新人才成长的企业环境

根据研究分析，我们知道目前企业中科技创新人才的数量与比例有待提高，企业文化氛围以及创新过程对科技创新人才的成长具有显著的影响作用。因此，从企业的角度出发，营造有利于科技创新人才成长的环境需要加强以下方面：一是积极引进科技创新人才；二是构建良好的组织文化氛围环境；三是加大对科研的投入，积极实现科技创新成果的转化，并设计科学的利益分配机制。

1. 科技创新人才的引进

调研结果发现，目前在张江高科园区内，科技创新人才比例不高，特别是高端科技创新人才缺乏。这显然会影响高科技企业的创新能力，也会影响企业内部的创新环境。因此，企业应当与园区加强合作，扩大人才招聘会等的规模和频率，并加强宣传园区以及企业优惠政策、创新文化等，吸引科技创新人才，实现高端人才的集聚效应。

2. 创新文化建设

关于创新文化所包含的内容，国外管理学界已经有所研究。结合国内外相关研究成果，本研究认为企业创新文化需要从三个层面去加强与构建：即创新价值观、激励制度和行为模式。

企业价值观作为创新文化的重要组成部分，是企业文化的基石，为全体员工提供一种共同的创新意识，也为他们参与组织学习、调整在创新中的行为方式，提供了指导方针。企业培育创新价值观，需要致力于培养追求持续发展、不热衷于眼前利益的理念；培养员工锐意进取、敢于冒险、不怕失败的精神；在企业内部营造容忍失败的氛围，给各种创新活动创造宽松的环境；努力降低企业的官僚主义作风，给员工充分的自主权，最大限度地保证员工能够自由地发挥自己的创造性。总之，企业应使创新价值观逐步得到员工认同，最终植根于企业文化之中。

对创新的激励能充分调动员工的创新积极性，是各种创新行为展开的动力与源泉。在激励制度的建立中，企业要注重多种激励手段的结合，不仅要采用物质激励，如给创新者提供有吸引力的奖金、对于创新项目的开展提供充分的物质支持等，同时注重采用精神激励的方式，满足科技创新人才的精神需求。企业可以通过对创新模范人物的塑造，激励全员创新。通过对发挥先进典型人物的宣传和奖励，不但能引导员工学习效仿，推动群体的创新，还能够使创新人员的自我价值得到实现，精神激励效果显著。

同时，企业在日常的管理过程中，应该加强对创新行为模式的观察、调整和控制。创新价值观和激励制度的最终目的都是通过改变员工的行为模式获得组织进步，因此，对企业内行为模式的现状观察，比如观察提出不同意见的行为是不是被称许，在讨论中保持沉默是不是受欢迎，每个员工是不是都在参与其他人的创新项目等，并对观察到的结果进行总结、评价和修正，使企业的创新行为模式达到理想状态。总之，企业应该建立以创新价值观为核心，以激励制度和行为模式为支撑的体系，这三方面协调进行才能使创新文化的建立取得良好效果。

3. 科研投入

根据相关统计，国外成功高科技企业的研发投入都占到销售收入的10%以上，像微软这样的企业一年的科研投入高达 50 亿美元左右，可见研发投入对于企业成功的重要性。相比而言，中国企业的科研投入尚显不足，其资金等方面的限制也导致难以在科研方面有如此大投入。对于中国企业，特别是园区内的中小企业而言，首先要从理念上重视科研，尽量加大科研投入；其次要善于利用各种融资手段，例如风险投资等，扩大融资，加大对科研的投资力度。

第二节　上海市人才成长环境优化措施

根据有关人才政策评价方面的科研积累，得知在人才成长的政策环境还需要进一步完善。政府应该从宏观层面上加强人才培养有关政策环境建设，特别是对科技创新人才方面的政策引导，构建良好的人才成长宏观环境。结合研究结果，我们认为应从人才培养、科研及成果转化、创新氛围、生活质量等方面进一步提高科技创新人才成长的宏观环境。

一　完善人才培养内容，丰富科技创新人才学习方式

对于人才培养方面，需要采取措施，保证科技创新人才具备良好的高等教育、专业培训、职业发展等方面的环境和条件。具体可采用以下几方面的政策措施。

第一，加大对高等教育，特别是目前国内紧缺专业的投资力度，确保高校和科研机构具备充分的科研条件，保证科研人员享有良好的物质和精

神生活。

第二，加强与国外先进科研机构和高校、企业的合作与沟通，以有效学习和借鉴国外先进的科学文化知识以及科研管理经验。上海市应努力发展与发达国家的联系，为沪上科技人才，特别是在校大学生和研究生以及研究人员出国学习提供便利。

第三，除了发展与发达国家的联系之外，市政府还可设立专门的出国学习奖学金，为学习成绩优秀者提供资助，确保其在国外的正常学习活动，保证其学习成效。

第四，对于已经参加工作的科技创新人才，政府要提供继续教育和在职培训等方面便利，确保科技创新人才的知识更新和技术更新，并使其自身职业生涯有更进一步发展。在培训方面，国内专业培训和国外培训也应当有效结合，既为科技人才提供参加国内专业培训的机会，也为科技人才提供赴国外一流大学、实验室、科研机构以及企业研发部门等学习、参观、访问的机会。

第五，在职业发展方面，政府还要为科技创新人才提供职业发展的咨询和职业发展服务。为此，政府可设立专门办事处，处理有关科技创新人才的职业咨询，包括其入驻上海市或上海市某个具体园区的条件、获得户籍的相关政策等方面。

另外，还应鼓励猎头等人力资源中介机构的发展，为园区内及整个沪上人才流动提供更好的服务。

二 促进科研创新成果转化，创造人才成长的实践平台

对于科技创新人才而言，其成长的重要途径之一就是通过"干中学"的方式来提升创新能力。因此，构建科研平台，让更多的科技人才在参与创新实现过程中，实现科技创新人才的快速成长。基于以上分析，上海市应努力促进应用性科研创新成果的产出以及科技创新成果的转化，为科技创新人才创造更多的锻炼与成长机会。为此，政府部门可通过制定有关政策：一方面采取措施促进产学研的有效结合，另一方面通过鼓励发展风险投资公司等促进科研创新成果的转化。

1. 加强企业与高校等科研机构的产学研结合

政府在加强企业和高校等科研机构的产学研结合方面，需要做到以下几点：

第一，倡导高校等研究机构与企业联合培养科研人才。在德国等一些先进发达国家，教育与实践的联系十分紧密。一般来说，硕士（或硕士同等学力）毕业生的论文都是在企业中完成的，其论文成果具有很强的实用性。对于高端的学术性人才（比如博士生）的培养，尤其强调其实践能力。一些专业的博士生其日常研究工作是在公司内进行的，在帮助公司进行研发的同时完成自身博士论文的撰写等学习任务。这样培养出来的博士生既有学术方面的积累，又有在企业的工作经验，有利于其将科研知识和市场需求有效结合，创造出更多实用性的科技创新成果。上海市可借鉴国外的先进经验，对高校等科研机构的博士生进行灵活管理，以更有效地培养科技创新人才。可通过两种途径来实现：一是将企业作为高校等科研机构的实习基地；二是由企业和高校联合培养博士生等高端研发人才。使得在校大学生、研究生通过进入企业实习而增强实践经验，并了解经营运作方面的相关知识，为今后科技成果的市场化积累必备的知识。

第二，为企业和高校建立合作关系创造便利条件，使得企业和高校可以共享研发平台等，从而促进资源的有效利用，同时也通过促进企业和高校的合作而增强研发成果的实用性。

第三，鼓励企业将部分研发项目外包给高校等科研机构，一方面节省企业的研发成本，另一方面可促进高校的科研与实际相结合，促进实用性科研成果的产出。

2. 完善风险投资机制

除了通过促进产学研的有效结合以加强科研创新成果的产出的方式外，完善风险投资机制等促进科技创新成果的转化也十分关键。

从国外先进园区的发展经验来看，园区内风险投资机构不仅可以为园区内科技创新成果的转化提供资金支持，也可为所扶持的企业提供管理建议，同时还可以在很大程度上激励科技创新人员，促进其成功。目前，在上海的高科技园区内，风险投资企业已经占了一定比例，在今后发展中，政府应当继续鼓励风险投资企业的入驻和运营，并规范化其市场行为。同时，政府应倡导完善风险投资的运作机制，例如推动股市创业板的建立，完善风险投资的退出机制。

三　营造良好的创新环境

营造一个有利于创新的环境对于科技创新人才成长以及创新成果产出有着十分重要的意义。有利于创新的环境包括宽松的管理、敢于冒险的文化以及健全的法制等方面。

1. 宽松的人才管理机制

科技研发人员对于工作的自由度有着很高的要求，因而一个有利于创新的环境往往是十分宽松的管理。另外，政府应尽量减少户籍政策办理、专利申报等活动的环节，增强办公效率，为科技创新人才的生活以及科研工作提供便利。尤其在户籍政策方面，个人以及家庭的户口问题已经成为外地以及国外科技创新人才入沪的一大门槛，为科技创新人才在就业、生活、子女教育等方面带来诸多不便。为缓解这一问题，上海市政府应针对科技创新人才，特别是高端科技创新人才制定更加灵活的户籍政策，避免户籍问题成为科技创新人才入沪和留沪的障碍。有关的政策应该向科技创新人才群体倾斜，为科技创新人才提供更为有利的家庭生活环境，为其解决子女入学、夫妻团聚等家庭生活问题，使科技创新人才免除后顾之忧，以更充沛的精力投入到研究中去，实现更多突破与创新。

2. 宽容失败、鼓励冒险的文化氛围

应当认识到一个有利于创新的环境必定是宽容失败、鼓励尝试和敢于冒险的。目前张江高科园区一直在倡导这样的文化，但是中国人根深蒂固的文化心理使得多数科技人才逃避风险，畏惧失败。这一文化理念的形成需要长期努力。就上海市而言，教育部门应当将创新这一教育理念，从基础教育阶段，一直到高等教育的研究生阶段，甚至今后的工作岗位其中。

3. 有力的知识产权保护法制环境

目前上海市乃至全中国的知识产权保护以及商业诚信尚缺乏有力的法律保障。很多科研创新成果往往投入市场后不久就遭遇"盗版"等问题的困扰，极大挫伤了创新者的积极性。因此，上海市应当完善知识产权保护以及商业诚信方面的地方法规，为科技创新人才的创新成果提供有力的保障，保护其科技创新的积极性，并保障其创新成果的市场收益。

本篇参考文献

[1] 中国人民大学竞争力与评价研究中心研究组：《中国国际竞争力发展报告（2001）》，中国人民大学出版社 2001 年版。

[2] 柯丽敏：《文化对科技创新发展的推动作用分析》，《科技管理研究》2007 年第 9 期。

[3] 白春礼：《杰出科技人才的成长历程》，科学出版社 2007 年版。

[4] 李画眉：《20 世纪诺贝尔物理学奖统计分析》，《浙江大学学报》1999 年第 22 卷第 4 期。

[5] 邵铭康、李刚、刘国亮：《关于创新型科技人才》，《成都理工大学学报》（自然科学版增刊）2003 年第 1 期。

[6] 许恩芹、刘美凤等：《创新型人才的核心特征》，《人才开发》2005 年第 9 期。

[7] 刘泽双、薛惠峰：《创新人才概念内涵评述》，《人事人才》2005 年第 4 期。

[8] 李和风：《探析青年科技人才成长的影响因素》，《政策与管理研究》2007 年第 5 期。

[9] 李长萍：《影响创新人才成长的主要因素》，《中国高教研究》2002 年第 10 期。

[10] 杨成平、李德才、吴勇：《军队科技人才成长规律研究》，《湖南社会科学》2007 年第 3 期。

[11] 徐冠华：《构建有利于科技人才成长的环境》，《中国科技产业》2004 年第 1 期。

[12] 魏发辰、颜吾佴：《创新型人才的成长规律及其自我修炼》，《北京理工大学学报》（社会科学版）2007 年第 9 卷第 5 期。

[13] 王通讯：《人才成长的八大规律》，《社会观察》2006 年第 5 期。

[14] 叶忠海：《人才成长规律和科学用人方略》，《中国人才》2007

年第 5 期。

[15] 李维平:《人才成长的共同规律》,《中国人才》2006 年第 3 期。

[16] Denison D. R. , Mishra A. K. . Toward a Theory of Organizational Culture and Effectiveness. *Organization Science*, 1995, 6 (2): 204 – 223.

[17] Hofstede G. , Neuijen B. , Ohayv D. , et al. . Measuring Organizational Culture: A Qualitative and Quantitative Study across Twenty Cases. *Administrative Science Quarterly*, 1990, 35: 286 – 316.

[18] 郑伯埙:《组织文化价值观的数量衡鉴》,《中华心理学刊》1990 年第 32 期。

[19] 张勉、张德:《组织文化测量研究评述》,《外国经济与管理》2004 年第 8 期。

[20] Lee S. K. J. , Yu K. . Corporate Culture and Organizational Performance. *Journal of Managerial Psychology*, 2004, 19 (4): 355 – 356.

[21] Peters T. , Waterman R. H. :《追求卓越》, 中央编译出版社 2003 年版。

[22] Collnis J. , Porras J. :《基业长青》, 中信出版社 2002 年版。

[23] Kotter J. P. , Heskett J. L. . *Corporate Culture and Performance*. New York: Free Press, 1992.

[24] Cameron K. S. , Quinn R. E. . *Diagnosing and Changing Organizational Culture: Based on the Competing Values Framework*. Mass: Addison – Wesley, 1999.

[25] Denison D. R. , Haaland S. , Goelzer P. . Corporate Culture and Organizational Effectiveness: Is Asia Different From the Rest of the world, *Organizational Dynamics*, 2004, 33 (1): 101.

第四篇

科技人才政策及人才政策实施评价

——以上海为例

第十二章　科技人才政策梳理

进入 21 世纪后，为适应世界经济一体化潮流和我国加入 WTO 的新形势，上海市制定了建设社会主义现代化国际大都市的新战略。以此为背景，上海市提出建设国际人才高地的新人才战略，并进行了长期规划。即：第一个五年（2001—2005 年），为上海国际人才高地打造基础；第二个五年（2006—2010 年），形成上海国际人才高地框架；第三个五年（2011—2015 年），基本建成上海国际人才高地。根据上海市建设国际人才高地的人才战略要求，在第一个五年计划阶段，上海市人才工作发生了深刻变化，取得了一定成效，各类人才队伍建设取得新进展，人才工作基础性建设得到进一步加强。可以说，近几年的人才政策在一定程度上发挥了重要作用。下面主要就 2000 年以后上海市实施的人才政策进行初步分析。

第一节　近年来上海市科技人才政策回顾

人事人才工作内容复杂、涉及面广，人才政策成效如何关键在于其中的主要人才政策制定是否合理、执行程度是否到位。因此，在分析人才政策时，要抓住人才政策的重点，对主要人才政策进行分析，在重点分析的基础上发现现有人才政策体系中存在的问题。

我们根据人才政策的几人功能模块将上海市人才政策划为人才引进、人才流动、人才使用、人才评价、人才激励和人才保障六大类，六大类功能政策以政策主基调为指导，分功能发挥它们的作用（框架结构如图 12 - 1）。

作为上海市目前人才政策主基调之一的《上海市"十一五"人才发展规划纲要》着重对高层次人才队伍建设进行了规划。《纲要》指出，在现代服务业和先进制造业的重点发展领域，上海将培养和引进一批科技领军人才、战略科学家、哲学社会科学人才、文化人才和创新团队。到 2010 年，

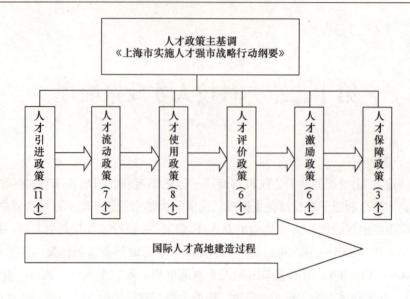

图 12 - 1 人才政策体系框架结构

形成 500 名以两院院士、"国家百千万人才"、突出贡献专家等为主的领军人才"国家队"，1000 名左右覆盖各行各业的领军人才"地方队"，5000 名左右以优秀青年人才为主的领军人才"后备队"。除领军人才外，还要培养造就一批国际化、战略型企业家。实施国有企业经营管理者分类培养计划，加快培养 100 名左右具有战略思维和全局意识、能够忠实代表和维护国有资产权益的出资人代表；200 名左右具有市场意识和创新精神、精通战略规划和资本运作的职业化的国有企业经营管理人才。

其他各功能模块的人才政策都围绕着《纲要》的目标，有计划、有重点地展开，共同推动着上海市人才战略的发展。

一 人才引进政策

人才引进就其受众而言，可分为国内人才引进和国外人才引进两方面。近年来，上海市在人才引进方面发布的政策如表 12 - 1 所示。

这些政策特别针对人才引进中比较关注的居住证问题、户籍问题、高校毕业生留沪问题做了相关规定，并出台了上海市重点领域人才开发目录，为人才引进提供了方向指导。在一系列政策的推动下，上海市形成了吸引人才的良好氛围。近年来，上海市在国内引进的人才数量呈有力的上升势头，为上海市发展积聚了大量高端人才（见图 12 - 2）。

表 12 - 1　　　　　　　　　近年来上海市人才引进政策

序号	政策文件	时间
1	《关于外省市转移进沪人员若干问题处理意见的通知》	2003 - 3 - 27
2	《上海市居住证暂行规定》	2004 - 8 - 30
3	《上海市吸引国内优秀人才来沪工作实施办法》	1999 - 6 - 21
4	《上海市引进非上海生源高校毕业生进沪就业落户工作的规定》	每年一次
5	《上海市重点领域人才开发目录》	每年一次
6	《关于做好本市软件产业和集成电路产业人才工作的实施细则》	2001 - 2 - 7
7	《关于本市进一步做好吸引微电子紧缺人才工作的意见》	2000 - 9 - 17
8	《关于出国留学人员及其家属来沪工作办理户口的通知》	1998 - 2 - 4
9	《关于本市实施"万名海外留学人才集聚工程"的意见》	2003 - 8 - 16
10	《鼓励留学人员来上海工作和创业的若干规定》	2005 - 11 - 24
11	《外国专家管理及服务须知》	2005 - 5 - 16

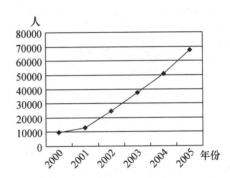

图 12 - 2　2000—2005 年间上海市引进国内人才数量

在吸引国外人才方面,上海市注重大环境的建设,"万名海外留学人才集聚工程"等大手笔的政策体现了政府对国外人才引进的重视。自 2003 年 8 月 31 日实施此政策以来,至 2005 年 11 月 30 日,共吸引海外留学人才 10203 名,提前 9 个月完成 3 年集聚一万名的目标。

二　人才流动政策

上海市陆续出台了一系列有关人才流动和人才市场培育的政策。在一系列政策的鼓励和规范下,上海市人才中介机构数量不断攀升,由 2003 年的 400 余个增加至 2006 年的 600 余个(如图 12 - 3)。

表 12 - 2　　　　　　　　　　　　人才流动政策

序号	政策文件	时间
1	《上海市人才流动条例》	1996 - 12 - 19
2	《关于修改〈上海市人才流动条例〉的决定》	2003 - 6 - 26
3	《关于促进本市卫生系统人才流动若干问题的意见》	2000 - 7 - 12
4	《上海市人才招聘会管理试行办法》	2003 - 1 - 30
5	《上海市人才招聘会有关问题的解释》	2004 - 4 - 6
6	《关于开展上海市人才中介员继续教育工作的通知》	2004 - 2 - 14
7	《上海市人才中介服务机构管理暂行办法》	2006 - 9 - 1

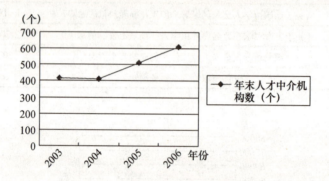

图 12 - 3　各年人才中介机构数统计

　　虽然人才中介机构数量增加，但统计数据显示，上海市人才流动数量呈现下降的趋势。特别是 2005 年到 2006 年，各企事业单位新调入员工数量有较大减少（见图 12 - 4）。是新录用毕业生增加的影响还是流动渠道的多样化，在进一步研究中寻找答案。

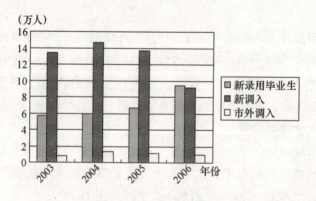

图 12 - 4　人才流动状况

三 人才使用政策

近年来，上海市出台了一系列有关人才使用的政策文件（见表 12 - 3）。

表 12 - 3　　　　　　　　　　　人才使用政策

序号	政策文件	时间
1	《上海市人才发展资金管理办法》	2002 - 12 - 5
2	《上海市博士后科研资助计划管理办法》	2001 - 9 - 27
3	《博士后工作"十五"规划》	2001 - 7 - 26
4	《博士后管理工作规定》	2001 - 12 - 26
5	《关于在本市开展留学人员情况调查工作的通知》	2003 - 10 - 20
6	《上海市加强高科技产业人才队伍建设的若干规定》	1997 - 11 - 21
7	《上海市党政机关推行竞争上岗试行办法》	1999 - 7 - 7

四 人才评价政策

近年来，上海市在国家相关政策的引导下，努力完善人才评价体系。在评价人才的标准方面，目前的趋势是坚持"四不唯"（不唯学历、不唯职称、不唯资历、不唯身份），把能力、业绩、品德作为判断人才的主要标准。上海市出台的人才评价政策见表 12 - 4。

表 12 - 4　　　　　　　　　　　人才评价政策

序号	政策文件	时间
1	《上海市对享受政府特殊津贴人员进行考核的暂行办法》	1996 - 3 - 20
2	《高级审计师资格评价办法（试行）》	2002 - 7 - 5
3	《上海市企业效绩评价师特许资格制度暂行规定》	2002 - 11 - 22
4	《上海市企业效绩评价师特许资格认定办法》	2002 - 11 - 22
5	《上海市工艺美术专业任职资格评价办法》	2005 - 3 - 4
6	……其他各种任职资格评价……	

五 人才激励政策

近年来，上海市出台的人才激励政策见表 12 - 5。

表 12 – 5　　　　　　　　　　　　人才激励政策

序号	政策文件	时间
1	《关于深化本市事业单位分配制度改革进一步发挥分配激励作用的意见》	1999 – 5 – 20
2	《上海市实施政府特殊津贴工作暂行办法》	1995 – 7 – 3
3	《关于对中国科学院、中国工程院在沪院士实行院士生活津贴的通知》	1995 – 3 – 2
4	《上海市关于继续实行政府特殊津贴制度的暂行办法》	2001 – 8 – 27
5	《白玉兰科技人才基金实施管理暂行办法》	1997 – 1 – 23
6	《关于开展"全国杰出专业技术人才"人选推荐工作的通知》	2002 – 2 – 27

六　人才保障政策

随着社会主义市场经济体制的不断发展完善，在鼓励、强化人才竞争，充分挖掘人才潜能，实现优胜劣汰的同时，做好人才的保障工作，解除人才的后顾之忧，从而促进人才市场配置机制的发展，是社会主义市场经济条件下人才开发工作的一项新要求。近年来，上海市出台的人才保障政策见表 12 –6。

表 12 – 6　　　　　　　　　　　　人才保障政策

序号	政策文件	时间
1	《进一步做好本市杰出高级专家暂缓离退休工作的通知》	1999 – 3 – 22
2	《关于认真做好专家、学者享受干部保健医疗待遇的申报审核工作的通知》	1995 – 8 – 31
3	《关于本市单位招收的博士后研究人员参加社会保险若干问题的通知》	2002 – 6 – 24

第二节　代表性科技人才政策的选取

通过对上海市人才政策的梳理发现，《上海市"十一五"人才发展规划纲要》是目前上海市实施人才战略的指导性政策，以此为主线相继出台了众多相关政策。为了解目前上海市人才政策工作的重点，依据《纲要》及上海人才战略定位，选取了几项代表性政策，旨在作为单项政策进行执行实证评价的基础，初步选取结果如下。

一　《上海市居住证暂行规定》

《上海市居住证暂行规定》在 2004 年 8 月 30 日由上海市人民政府令第 32 号发布。此政策颁布的主要目的是为了保障来沪人员的合法权益，规范上海市人口管理，促进人口信息化建设，提高政府服务水平。随着上海市引进人才数量的增多，现在上海市的劳动力中，有很大比例的人才持有上海市居住证。在居住证办理过程中，持有者权利义务以及居住证与户籍制度的过渡规定等问题逐渐浮出水面，并成为引起广泛关注的热点问题。

二　《上海市重点领域人才开发目录》

自 2005 年以来，上海市每年公布《上海市重点领域人才开发目录》，目的是指导人才流向，优先发展重点领域人才，以保证重点领域人才的及时供给，保证上海市长期发展需要。

三　上海市毕业生留沪政策

随着每年大学毕业生的增多，毕业生就业逐渐成为一个社会各界广泛关注的问题。在上海，该问题更加突出。由于驻上海高校数量众多，用人单位对毕业生的吸收具有较大的选择范围，政府希望有一个合理政策来指导毕业生流向。

四　万名海外留学人才集聚工程

为了更好地吸引高层次人才，上海市从 2003 年开始实施《万名海外留学人才集聚工程》，在政策上给留学归国人员更多优惠，以此来集聚高端人才，优化上海市人才结构。

五　《关于加强上海领军人才队伍建设的指导意见》

为实现上海"十一五"奋斗目标，造就一支适应上海经济社会发展和建设创新型城市需要的领军人才队伍和一批创新团队，上海市在 2005 年发布了《关于加强上海领军人才队伍建设的指导意见》，此政策主要关注具有领军作用的高端人才，目的是吸引高端人才充实上海市的人才队伍，并对现有人才产生激励作用。

初步调研发现，居住证、毕业生留沪等户籍政策属于人才政策最基础、影响面最广的政策，受到上海市内外人才的广泛关注，也是当前的热点问题。为了进一步剖析这些重点政策的实施效果和存在的具体问题，我们最终选取户籍政策作为实证调查的代表性政策。

第十三章　基于宏观整体的科技人才政策实施成效定量评价

人才政策评估本质上属于政策理论中的评估范畴，关于政策评估有多种看法，本部分研究主要从针对政策的纵向宏观定量评价和针对个体调查的政策执行效果评价两个方面，来对上海市现有人才政策进行综合评价。在评价基础上，针对存在的问题，提出上海市人才政策未来设计思路。本部分内容是对上海市人才政策的纵向定量评价，针对个体调查所做的政策执行效果评价将在第十四章进行。

第一节　评价原则与评价方法

一　评价原则

指标体系是政策评价的主要工具和手段，建立科学合理的评价指标体系，是开展人才政策执行成效评价的核心工作之一。在人才政策执行成效评价指标体系设置时，既要科学合理，又要易于操作。结合评价指标体系，考虑到评价的合理性与客观性，综合评价时须遵循以下原则：

1. 科学性与客观性原则

所建指标体系在理论上具有坚实的科学基础，指标体系的设置和综合评价方法要具有科学性和合理性；整个指标体系能全面系统地反映政策影响或效果，坚持社会评价及其标准多层次、多视角的全面性和整体性；坚持社会多维评价角度和多维需要的统一和平衡，能从不同角度客观反映政策在某一方面的作用或影响。即指标选取相对全面，指标体系中考察内容能够体现较完整的现有人才政策体系。同时，多采用相对指标，指标相对稳定与持续，反映时间趋势动态变化。

2. 定性与定量相结合原则

坚持定性与定量相结合的方法，以定量为主，通过建立数学模型，力求把评价内容与标准数量化，使评价结果易于比较，做到客观、具体。因此，在指标选取时，尽可能选择定量化指标，难以量化的则定性描述。

3. 可操作性与可靠性原则

在设计指标体系时，一方面要运用最优化原则，把体现人才政策执行效益的内容都列入考核体系，确定有关标准和指标值。另一方面，更偏重于可行性原则，立足于可考核性，对一些理论上应包括但现实中难以操作或难以比较的指标，一般不予列入，以增强考核结果的客观性和可比较性。也就是说，所建指标体系的数据可以获得，便于计算分析；内容简明、易于理解，能够显示出随时间变化的趋势；注意保持指标的相对稳定和连续性，以便于全面把握政策执行成效的综合情况。

4. 方法的适用性原则

为了较为准确地评价上海市人才政策实施效果，我们考虑对政策进行纵向比较。采用模糊优选模型的综合评价方法可以有效地对近几年人才政策实施执行的效果进行分析，选择出最优年份。同时，考虑到权重分配，为避免人为主观因素的影响，将采用权重组综合评价分析方法来处理。

5. 经济效益与非经济效益统一的原则

人才政策造就的经济效益与非经济效益对社会发展进步而言都是实际效益。经济效益通过调节经济关系，可以给人们带来经济效益，如增加就业、提高收入等。这些经济效益可以量化，容易受人重视。同时，人才政策也给人们带来了许多社会效益，如文化生活丰富，教育水平提高等。但这些非经济效益难以量化，不太容易引起一般公众重视，而其重要性又丝毫不逊于各种经济效益。所以，在评估人才政策成效时，要把政策的经济效益和非经济效益结合起来，既要评估有形的、直接的、物质的经济效益，也要评估无形的、间接的、非物质的社会效益。

二　评价方法

国内外进行综合评价的方法很多，主要有主成分分析法、灰色关联分析法、模糊综合评判法和模糊优选模型法等。每种方法各有其特点：主成分分析法在对高维变量进行降维处理时，要保证数据信息损失最小比较困难；灰色关联法根据因素间发展态势的相似或相异程度来衡量因素间接近的程度，适用于评价指标不多的情况；模糊综合评判法中确定隶属函数有一定困难；模糊优选模型法，提出了相对隶属度的概念，在一定程度上减少了隶属度函数的"主观任意性"，在定量指标比较多的评价问题中，模糊优选模型法的优越之处尤其明显。

在总结前人研究成果的基础上，结合人才政策效果评价指标体系的特点，我们利用多层次模糊优选模型方法，对上海市不同时期的人才政策效果进行综合评价。其中，每一年份的效果相当于模糊优选模型中的一个方案，可根据各年份指标值从属于总效果优等方案隶属度的优度值来判断各年份的政策效果。

根据我们所分析的人才政策效果评价指标体系的特点，将采用两层次的多因素模糊优选模型，对上海市人才政策执行成效进行评价（具体评价模型见附录1）。

第二节 评价指标选取

根据人才政策效果评价的内容，本部分对人才政策的效果评价指标主要从人才增长效应、人才集聚效应和人才效能三个维度进行构建，每个维度都由相应的多个具体指标来体现。我们通过查阅上海市历年的统计年鉴、科技年鉴等统计资料，根据相关度对一些统计指标进行了初选，拟定了46个二级指标作为备选指标。具体如下：

（1）人才增长效应指标：包括从业人员（万人）、职工人数（万人）、在岗职工数（万人）、每万人拥有大学生（人）、获博士/硕士学位人数（人）、在沪外国常住人口（万人）、在沪常住人口数量（万人）、城镇新就业人数（万人）、城镇登记失业率（％）、参加人才交流大会人数（万人）、职业指导人数（万人次）。

（2）人才集聚效应指标：包括户籍人口迁入率（％）、户籍人口迁出率（％）、第三产业职工人数（万人）、专业技术人员数（万人）、从事技术开发人员数（万人）、科技活动机构数（个）、高等学校科技活动机构数（个）、高等学校科技活动人员数（人）、大中型工业企业技术开发机构数（个）、居留许可外国人数（人）、外国留学生人数（人）、上海市三类产业的生产总值产业结构（％）、第三产业从业人员产业结构（％）、金融业从业人员数（万人）、房地产业从业人员数（万人）、租赁和商务服务业从业人员数（万人）、大中型工业企业新产品主营业务收入（亿元）。

（3）人才效能指标：包括上海市生产总值（亿元）、人均生产总值（元）、全员劳动生产率（元/人）、科技活动经费筹集总额（亿元）、科技成果登记数（项）、科技成果获奖数（项）、专利申请受理量（件）、专利授权量（件）、高技术产业产值占工业总产值的比例、高技术产品出口值占出口商品总值的比例、全社会 R&D 投入占上海市生产总值（GDP）的比例、科技进步对经济增长的贡献率、新产品主营业务收入（亿元）、上海市第三产业生产总值结构比例（%）、六大支柱产业增加值（亿元）。

在上述划定的备选指标基础上，为保证数据的可得性和指标的合理性，我们进一步评选出了能够较好地反映人才政策效果的一组终选指标。同时，为保证评价指标的客观性，我们对选出的指标进行了转化，将绝对指标转化为相对指标，最终确定出用于综合评价的指标体系。见表13－1。

表 13－1　　　　　　　上海市人才政策执行效益评价指标体系

	评价维度	评价指标
人才政策执行效益评价	人才增长效应	硕博人才比例（获博士、硕士学位人数/从业人员数，%）
		科技活动人员比例（科技活动人员数/从业人员数，%）
		户籍人口增长比例（‰）
	人才集聚效应	专业技术人才从业比例（专业技术人员/从业人员数，%）
		第三产业人员从业比例（第三产业人员数/从业人员数，%）
		金融、房地产人才从业比例（金融、房地产业人员数/从业人员数，%）
	人才效能	科技进步贡献率（%）
		高新产业产值比例（高新产业产值/工业总产值，%）
		专利授权量比例（专利授权量/专利申请量，%）

第三节　定量评价

本部分将对2001—2006 年的人才政策执行效果进行评价，在运用多层次模糊综合评价时，每年用于反映人才政策状况的指标值为一个方案，

通过综合评价得到 d_{il}^* 值，即优选结果值。根据优选结果判断各年人才政策执行效果，数值越大，效果越优。

一 确定方案集和指标集

方案集 $S = (s_1, s_2, s_3, s_4, s_5, s_6)$ ＝（2001 年值、2002 年值、2003 年值、2004 年值、2005 年值、2006 年值）

上海市人才政策效益评价的要素有人才增长效应 G_1、人才集聚效应 G_2、人才效能 $G_3$3 个指标，这是进行人才政策评价的一级指标，每个评价要素中又各有 3 个子指标，作为人才政策效益评价的二级指标。如表13 - 2 所示。则：

一级指标集：

$G = (G_1, G_2, G_3) = \{$人才增长效应，人才集聚效应，人才效能$\}$

二级指标集：

人才增长效应 $G_1 = \{G_{11}, G_{12}, G_{13}\} = \{$硕博人才比例，科技活动人员比例，户籍人口增长率$\}$；

人才集聚效应 $G_2 = \{G_{21}, G_{22}, G_{23}\} = \{$专业技术人才从业比例，第三产业从业人员比例，金融、房地产人才从业比例$\}$；

人才效能 $G_3 = \{G_{31}, G_{32}, G_{33}\} = \{$科技进步贡献率，高新产业产值比例，专利授权量比例$\}$。

二 计算各方案在二级指标集下从属于相应优等方案隶属度的最优值

根据各年份人才政策执行效益评价体系中相应的指标值（见表 13 - 2）和相应指标的权重（取均值），可以计算得到人才增长效应 G_1、人才集聚效应 G_2、人才效能 G_3 三个评价要素中各子指标的优度值。

1. 人才增长效应 G_1 各子指标优度值的计算

建立各年份指标值的特征值矩阵：

$$X = \begin{bmatrix} 0.091 & 0.097 & 0.119 & 0.158 & 0.190 & 0.223 \\ 2.019 & 1.917 & 1.854 & 2.184 & 2.278 & 2.266 \\ 6.850 & 8.290 & 8.390 & 8.310 & 7.000 & 6.860 \end{bmatrix}_{3 \times 6}$$

根据指标类型按照本篇附录 1 中公式（2）—（4）对该矩阵进行标准化计算，将 X 中的评价指标特征值转化为相对隶属度，得到 G_1 的优属度矩阵：

表 13 - 2　　2001—2006 年人才政策执行效益评价体系各年份指标值

评价维度	评价指标	2001 年	2002 年	2003 年	2004 年	2005 年	2006 年
人才增长 G_1	硕博人才比例（%）	0.091	0.097	0.119	0.158	0.19	0.223
	科技活动人员比例（%）	2.019	1.917	1.854	2.184	2.278	2.266
	户籍人口增长率（‰）	6.85	8.29	8.39	8.31	7.00	6.86
人才集聚 G_2	专业技术人才比例（%）	10.785	10.097	9.718	8.95	8.697	8.522
	第三产业从业人员比例（%）	47.20	48.80	51.90	54.20	55.6	56.7
	金融、房地产人才从业比例（%）	2.6374	5.1816	5.6811	5.3605	5.4673	5.5923
人才效能 G_3	科技进步贡献率（%）	50.98	53.08	54.4	56.2	57.6	59.5
	高新产业产值比例（%）	17.7	18.5	21.8	23.5	25.1	24.4
	专利授权量比例（%）	42.036	33.525	74.511	51.903	38.493	46.063

$$R = \begin{bmatrix} 0.28980892 & 0.30891720 & 0.37898089 & 0.50318471 & 0.60509554 & 0.71019108 \\ 0.48862536 & 0.46393998 & 0.44869313 & 0.52855760 & 0.55130687 & 0.54840271 \\ 0.44947507 & 0.54396325 & 0.55052493 & 0.54527559 & 0.45931759 & 0.45013123 \end{bmatrix}_{3 \times 6}$$

所有指标均按照越大越优型进行标准化计算得到。

进一步得到 G_1 优属度矩阵 R 的优等方案 a 和劣等方案 b：

$a = (0.71019108, 0.55130687, 0.55052493)^T$

$b = (0.28980892, 0.44869313, 0.44947507)^T$

根据本篇附录 1 中公式（16）计算各年份指标值从属于人才增长效益 G_1 的优等方案 a 隶属度的优度值，分别为：

$g_1 = (g_{11}, g_{12}, g_{13}, g_{14}, g_{15}, g_{16}) = (0.00828545, 0.00352990,$ 0.06203428, 0.54465089, 0.85023983, 0.94873035）。根据二级指标评价结果得到人才增长效应趋势，如图 13 - 1 所示。

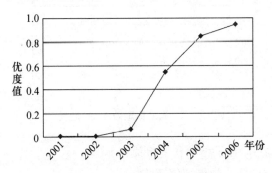

图 13 - 1　人才增长效应 G_1 趋势

2. 人才集聚效益 G_2 各子指标优度值的计算

建立各年份指标值的特征值矩阵:

$$X = \begin{bmatrix} 10.785 & 10.097 & 9.718 & 8.950 & 8.697 & 8.522 \\ 47.2 & 48.8 & 51.9 & 54.2 & 55.6 & 56.7 \\ 2.637 & 5.181 & 5.681 & 5.360 & 5.467 & 5.592 \end{bmatrix}_{3 \times 6}$$

根据指标类型按照式 (2) — (4) 对该矩阵进行标准化计算, 将 X 中的评价指标特征值转化为相对隶属度, 得到 G_2 的优属度矩阵:

$$R = \begin{bmatrix} 0.55860569 & 0.52297094 & 0.50334076 & 0.46356244 & 0.45045838 & 0.44139431 \\ 0.45428296 & 0.46968239 & 0.49951877 & 0.52165544 & 0.53512993 & 0.54571704 \\ 0.31705207 & 0.62289827 & 0.68294793 & 0.64440390 & 0.65724469 & 0.67227050 \end{bmatrix}_{3 \times 6}$$

其中, 所有指标均按照越大越优型进行计算得到。

进一步得到 G_2 优属度矩阵 R 的优等方案 a 和劣等方案 b:

$a = (0.55860569, 0.54571704, 0.68294793)^T$

$b = (0.441394311, 0.45428296, 0.31705207)^T$

根据公式 (16) 计算各年份指标值从属于人才集聚效益 G_2 的优等方案 a 隶属度的优度值分别为:

$g_2 = (g_{21}, g_{22}, g_{23}, g_{24}, g_{25}, g_{26}) = (0.08807950, 0.90406893,$
$0.96420542, 0.90998422, 0.90751544, 0.90664972)$

根据集聚效应各二级指标评价结果得到 2001—2006 年人才集聚效应趋势如图 13 - 2 所示。

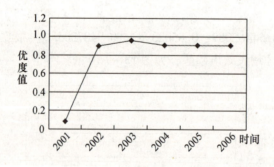

图 13 - 2　人才集聚效应 G_2 趋势

3. 人才效能 G_3 各子指标优度值的计算

建立各年份指标值的特征值矩阵:

$$X = \begin{bmatrix} 50.98 & 53.08 & 54.40 & 56.20 & 57.60 & 59.50 \\ 17.7 & 18.5 & 21.8 & 23.5 & 25.1 & 24.4 \\ 42.036 & 33.525 & 74.511 & 51.903 & 38.493 & 46.063 \end{bmatrix}_{3 \times 6}$$

根据指标类型按照式（2）—（4）对该矩阵进行标准化计算，将 X 中的评价指标特征值转化为相对隶属度，得到 G_3 的优属度矩阵：

$$R = \begin{bmatrix} 0.46144098 & 0.48044895 & 0.49239681 & 0.50868936 & 0.52136133 & 0.53855902 \\ 0.41355140 & 0.43224299 & 0.50934579 & 0.54906542 & 0.58644860 & 0.57009346 \\ 0.38909732 & 0.31031624 & 0.68968376 & 0.48042087 & 0.35629849 & 0.42636693 \end{bmatrix}_{3 \times 6}$$

所有指标均按照越大越优型进行标准化计算得到。

进一步得到 G_3 优属度矩阵 R 的优等方案 a 和劣等方案 b：

$$a = (0.53855902, 0.5864486, 0.68968376)^T$$

$$b = (0.46144098, 0.41355140, 0.31031624)^T$$

根据公式（16）计算各年份指标值从属于人才效能 G_3 优等方案 a 隶属度的优度值分别为：

$$g_3 = (g_{31}, g_{32}, g_{33}, g_{34}, g_{35}, g_{36}) = (0.04687683, 0.00413698,$$
$$0.95018951, 0.51804878, 0.24209953, 0.38688311)$$

根据人才效能各二级指标评价结果得到 2001—2006 年人才效能变化趋势如图 13 - 3 所示。

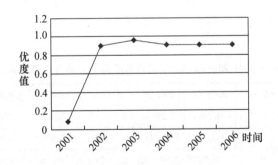

图 13 - 3　人才效能 G_3 趋势

三　各年份指标值的综合评价

每一级指标对评价结果都有着重要的影响，因此权重的确定至关重要。对于指标的权重确定，常用的方法有专家调查和层次分析法等。然而这些方法都或多或少地存在着较强的主观性，为此，拟采用另一种处理方法，既便于发现、分析问题，又避免了人为主观因素的干扰。我们选择给出几组各要素的权重组，并根据对不同权重组进行测算，进而得到一组关于 2001—2006 年上海市人才政策评价结果的办法来进行处理。

若人才增长效应、人才集聚效应、人才效能的权重分配为 (0.4, 0.3, 0.3)，则：

(1) 权重分配：

$\omega = (\omega_1, \omega_2, \omega_3) = (0.4, 0.3, 0.3)^T$

(2) 人才政策执行效果综合评价。

根据上一步各二级指标的优度值 $g = (g_1, g_2, g_3)^T$，得到一级指标系统的优属度矩阵：

$$G = \begin{pmatrix} 0.00828545 & 0.00352990 & 0.06203428 & 0.54465089 & 0.85023983 & 0.94873035 \\ 0.08807950 & 0.90406893 & 0.96420542 & 0.90998422 & 0.90751544 & 0.90664972 \\ 0.04687683 & 0.00413698 & 0.95018951 & 0.51804878 & 0.24209953 & 0.38688311 \end{pmatrix}_{3 \times 6},$$

根据求解 g_{1i} ($i = 1, 2, 3, 4, 5, 6$) 的方法和步骤，运用公式 (18) 求得各年份指标从属于一级指标系统的优等方案隶属度的优度值为：

$d_{1i}^* = (d_1, d_2, d_3, d_4, d_5, d_6) = (0.00059121, 0.21436031, 0.54416203, 0.75348189, 0.79415173, 0.8828691)$

同样方法可求得人才增长效应、人才集聚效应和人才效能三个一级指标不同权重下的综合评价结果。见表 13 - 3。

表 13 - 3　2001—2006 年一级指标不同权重取值下的综合评价结果集

d_{1i}^*	$\omega = (\omega_1, \omega_2, \omega_3)$	2001 年	2002 年	2003 年	2004 年	2005 年	2006 年
(1)	(0.4, 0.3, 0.3)	0.0005912	0.21436	0.544162	0.753482	0.794152	0.882869
(2)	(0.5, 0.3, 0.2)	0.0002437	0.187617	0.349788	0.748578	0.913977	0.957056
(3)	(0.5, 0.2, 0.3)	0.0005225	0.080542	0.363208	0.682264	0.815815	0.901754
(4)	(0.3, 0.5, 0.2)	0.0002468	0.587013	0.763159	0.899868	0.915238	0.949418
(5)	(0.3, 0.4, 0.3)	0.0006029	0.397411	0.742159	0.831882	0.791953	0.873468
(6)	(0.2, 0.5, 0.3)	0.0005494	0.586846	0.896561	0.894617	0.813208	0.880456
(7)	(0.3, 0.3, 0.4)	0.0010528	0.211109	0.750275	0.742669	0.622169	0.762714
(8)	(0.3, 0.2, 0.5)	0.0014573	0.080479	0.782627	0.660037	0.455126	0.644141
(9)	(0.2, 0.3, 0.5)	0.0014812	0.187419	0.903061	0.721474	0.450371	0.624918

四　评价结果分析

根据以上对上海市人才政策效果的综合评价研究以及近几年各年份指标值从属于人才政策效果评价指标体系优等方案隶属度的优度值大小，可以看出，在一级指标不同的权重分配下，得到了有一定差异的综合评价结果。权重大小的不同分配，显示出对于总体效果的不同侧重。结合上面得到的人才政策评价效果集的评价结果，综合指标权重分配，可以得到近几年上海市人才政策效果的总体评价和纵向比较评价分析。

总体来看，综合评价结果反映了以下几个特点。

1. 人才增长效应较为显著

通过前三组综合评价测算结果，可以看出，在人才增长效应指标权重值占优的情况下，得到的人才政策综合评价结果趋势一致。2001 年的综合评价优度值最低，2006 年的综合评价优度值最高，整体呈逐年递增的趋势。

这表明，从 2001 年到 2006 年这几年的发展过程中，人才政策的实施效果对人才增长效应的作用较为明显，并达到了良好效果。究其原因，一方面，从 20 世纪 90 年代初，上海市便提出了实施人才资本优先积累战略，不断加大对人才开发的投资，并取得了显著成效，形成了一定的政策积累效应；另一方面，2000 年以后，上海市不断加大人才引进力度，发布实施了一系列的相关政策，如"万名海外留学人才集聚工程"（沪人［2003］123 号）、"千名香港专业人才引进计划"、"上海市引进非上海生源高校毕业生进沪就业落户工作的规定"（沪教委学［2003］13 号）等等，促进了人才结构调整，加速了人才数量的增长。

统计数据显示，2001 年，上海具有大专以上学历或中级以上专业技术职称的各类人才总量为 119 万人。而到 2006 年，全市党政人才、经营管理人才和专业技术人才总量为 270.01 万人。其中，三类人才中具有大专及以上学历，或中级及以上专业技术职务的各类人才共有 188.44 万人，占 69.8%。比 2001 年增长了 58.35%。

2. 人才集聚效应的产生具有短期性和时间滞延性

通过第四组、第五组和第六组综合评价测算结果，可以看出，在人才集聚效应指标权重值占优的情况下，得到的人才政策综合评价结果呈折线型变化趋势。总体而言，2001 年综合评价优度值最低，2004 年综合评价优度值最高，人才集聚效应在 2004 年出现拐点。在权重值取值为（0.3，

0.5，0.2）时，受人才增长效应的影响，评价所得优度值呈逐年增大趋势。而在消除人才增长效应和人才效能的偏向性影响时，综合评价结果呈波段形变化趋势。

这表明，2001—2006 年，人才政策的实施效果对人才集聚效应的作用具有时间阶段性的影响。

2001 年以来，上海市结合自身发展的需要，陆续出台了一些有关国外人才方面的政策。如为有效缓解上海市软件和集成电路设计人才紧缺的矛盾，加快提升上海市软件和集成电路设计技术水平，上海市于 2002 年制定了《上海市海外留学人员来沪创办软件和集成电路设计企业创新资助专项资金管理暂行办法》（沪信息办法［2002］80 号，2002 - 3 - 24）。另外，《中共上海市委组织部、上海市人事局关于本市实施"万名海外留学人才集聚工程"的意见》（沪人［2003］123 号，2003 - 8 - 16）、《上海市人民政府关于印发〈鼓励留学人员来上海工作和创业的若干规定〉的通知》（2005 - 11 - 24）等政策也对上海市引进国外人才、改善上海市人才结构起到了积极作用。

从上海市重大引进人才政策的实施时间来看，主要集中在 2003 年和 2005 年。而评价结果显示，2004 年和 2006 年的人才集聚效应体现得最好。反映了人才集聚效应在政策实施与产生效果之间存在着时间滞延。同时，结合综合评价优度值，还可反映出人才集聚效应具有短期性特点。根据人才政策在人才集聚效应上反映出的时间滞延性和短期性特征，要求政策实施者在政策的制定和实施过程中，坚持政策的及时性和连贯性，以确保人才政策的实施效果。

3. 人才效能的发挥有一定程度下降

通过后三组综合评价测算结果，我们可以看出，虽然人才效能水平总体上是提高了，但在 2003 年和 2004 年达到相对高水平后，2005 年和 2006 年又有了一定程度的下降。

一般来讲，使人才效能下降的情况不外乎三种：一是人才素质的降低影响人才效能水平；二是技术条件、设备先进程度等客观因素的变化影响了人才效能发挥；三是在保证人才素质和客观因素满足的条件下，所产生的人才效能低下。根据前面分析，我们知道，上海市人才的整体水平是提高的。同时，目前上海市无论是企业单位还是事业单位，所面临的开放程度和先进程度一直走在全国前列。因此，目前上海市人才效能降低的可能性排除了前两种。那么，目前上海市人才效能降低最可能的情况就是第三种。

在具备了使人才能够发挥效能的人才素质和客观条件的前提下，导致人才效能下降的原因很多，我们主要从人才政策的角度进行分析。通过前面对上海市近几年人才政策的整理以及对一些单位人事工作者调查访谈，我们发现，目前上海市的人才政策对于人才的管理存在一些问题。

首先，政策制定存在一定的随意性，缺乏整体规划，内容不完善。从人才政策整理中可以看出，目前人才政策的制定较随意，为制定政策而制定政策，缺乏规划，造成这一现象的原因之一是很多政策是跟随中央政策的颁布而制定的。政策体系内容上的不完善主要体现在两方面：一是目前已有人才政策大类中，一些具体的、细化的人才政策需进一步改进或相对缺乏（如一些人才激励政策实际上是在"送激励"，而不是真正的人才竞争）；二是某些人才政策大类基本上是空白（如人才评价政策）。

其次，户籍政策对于人才引进是一种制度障碍。根据当前上海市人才战略的发展要求，需要加大人才引进力度，而事实上，与之相对应的户籍政策近两年却相对偏紧。就户籍政策而言，目前对于上海市所需的引进人才，在被引进的同时却不能够解决其户籍问题，取而代之的是人才引进居住证（按照所引进国内与国外人才的不同分为 A 证与 B 证）。据上海市人事局数据统计，2005 年全市引进各类国内人才 67335 人，比 2004 年的 50913 增长了 32.26%。其中，办理《上海市居住证》引进 62678 人（含续签人数），占 93.08%，是办理户籍引进人才数的 13 倍，办理《上海市居住证》成为上海市引进国内人才的主要方式。而对于一部分有意来上海工作的人来讲，户籍可能本身就是吸引其来沪发展的一个重要因素，从这一层面讲，人才引进居住证非但没有解决人才引进的户籍问题，反而在一定程度上限制了人才的流入。同时，目前的居住证政策中，对于居住证转户口的相关问题并没有提供解决方案。被引进的上海市所需人才没有上海市户籍，只有一直需要续办下去的居住证。经过多年累积的居住证人群的户籍问题如何消化成了摆在上海市人才引进和人才管理工作中的一大难题。另外，高校毕业生留沪政策中对毕业生的留沪要求也相对变紧，在实际工作中甚至博士生都难以留下。政策本身对人才形成了一种限制。

最后，人才管理不平衡。一方面，在人才管理中存在"轻现有人才，重引进人才"的现象。目前上海市对于人才引进工作较为重视，力度较大，该类政策也是人才政策的重点。而相对于现有人才管理方面的相关政策却很少。并且存在着人才被引进后即被遗忘的现象。另外，从现行人才政策可看出，上海市对于两类人才的引进政策倾向性较大：一是留学回国人员或国外人才；二是博士后人才。对于这两类人才的引进和扶持力度都比较大，相对而言，对于博士人才的重视程度却远远不够，使得很多博士人才外流。

在没有稳定的环境、缺乏城市认同感、得不到有效激励等因素下，必然会影响人才效能的发挥。因此，从对上海市人才政策对人才管理的作用中可得出，对人才的管理乏力在一定程度上影响了人才效能水平。

4. 政策实施作用效果得到改进

从对近几年上海市人才政策的综合评价结果来看，人才政策实施成效总体上是一个不断提高的过程。

从不同权重下评价集结果看出，2001 年和 2002 年的指标值从属于优等方案隶属度的优度值较低（在0.002 以下），而2003—2006 年的指标值从属于优等方案隶属度的优度值得到了很大提高，均达到0.3 以上。其中，2006 年和 2004 年综合评价结果最优。这表明随着人才战略的不断发展，上海市出台的一系列旨在调整人才结构、引进所需人才、有效使用和管理人才的人才政策取得了一定成效。相关人才政策的发布和实施，有效地解决了当地对人才的需求和对人才的管理，政策效果总体趋势良好。

第十四章　基于微观个体的科技人才政策实施成效实证评价

第一节　调查对象的选择及其问卷设计

一　问卷设计与调研的构思阶段

在开始正式调研之前，基于本部分的研究目标和技术路线，我们查阅了大量的相关专业书籍，以优选人才政策评价的方法与理论维度，收集并整理了上海市人才政策的媒体报道内容，以汇总上海市人才政策的现状问题；调研的对象定位为高端专业技术人才，即本科以上学历或者职称在中高级以上的人才并且这些人才在人事部门的数据库系统内。抽样范围包括高校、研究所、政府机关、事业单位以及各类企业。

二　问卷设计的专家咨询与定稿阶段

2007 年 10 月初，我们特别邀请了数位上海市资深人事人才工作领导、研究专家、人事部门工作者就有关内容进行座谈。他们来自政府机关、高等院校和企业，有着丰富的人事人才工作经验和深刻的人才政策实施体会，他们就问卷的内容结构、调研问题的提出方式等提出了自己的设想和建议。在此基础上我们基于研究框架、理论维度及现状问题形成了调研的主要内容提要，继而通过调研问卷的结构设计形成了本问卷初稿。研究小组对初稿进行反复讨论、相互质问、几易其稿，最终形成了上海市人才政策成效评价调查问卷。

三　问卷的变量内容与结构

经过多次的征询修改优化，调研问题涵盖了基本情况、整体评价、分项评价和主观评价等四个部分共 24 个问题。第一部分是样本的基本情况，包括年龄、性别、学历、职称、单位性质、所处行业及户籍形式。第二部分是整体评价,主要从整体上把握上海市人才政策的实施情况,包括宣传途径、政策办理感受、受众满意度等方面。第三部分是分项评价,我们选择了居住证政策和毕业生留沪这两个政策作为我们的关键政策,目的是了解关键政策的具体实施情况。第四部分是开放性问题,用来收集受众的主观感受及建议。

第二节 调查样本介绍与信度分析

调查是在上海市人事局专业人才管理处和人才开发处的帮助下,借助两处的人才信息资源系统并通过信函、电子邮件、电话等方式,在 2007 年 10 月上旬至 11 月底进行,共发放问卷 382 份,回收问卷 115 份,其中有效问卷 107 份。问卷回收率 30.10%,问卷回收有效率 93.04%。调查所收回问卷达到统计上的数量要求。

一 样本分布情况

运用统计软件 SPSS12.0 对样本进行统计分析,得到的样本分布情况如表 14 – 1 所示。

表 14 – 1   样本分布   单位:%

性别	男	女			
分布结构	59.8	40.2			
年龄	25 岁以下	25—35 岁	35—45 岁	45—55 岁	55 岁以上
分布结构	11.2	57.9	21.5	8.4	0.9
学历	本科	硕士	博士(后)	其他	
分布结构	46.7	34.6	14	4.7	
职称	中级职称	副高级职称	正高级职称	其他	系统缺失值
分布结构	30.8	9.3	10.3	47.7	1.9
单位性质	高校	研究所	政府机构	内资企业	外资企业	其他
分布结构	14	11.2	0.9	27.1	24.3	22.4
工作领域	科学教育	金融贸易	先进制造业	现代服务业	其他	系统缺失
分布结构	22.4	15.9	19.6	9.3	30.8	1.9

其中：

本次调查对象男性与女性有效百分比分别为 59.8% 和 40.2%。配比合理。

年龄分布显示，25—45 岁之间的年龄段人员比较集中，达到了 79.4%，而这部分人群恰恰正是相关人才政策被实施的对象和受益群体，保证了样本的代表性。

学历分布显示，在 107 名被调查对象中，具有本科及以上学历的人才（具有本科以上学历或者特殊才能的国内外人员，引自 2002 年上海人事工作文件汇编《引进人才实行〈上海市居住证〉制度暂行规定》）占 95.3%，满足了对人才政策受益群体调查的要求。

本次调查将职称划分为五档，统计结果显示被调查对象中具有中级以上职称的人员占到 50.5%，而"其他人员"中 90% 以上为初级职称。

结合调查对象的选择，考虑到内资企业和外资企业人员在人才政策上存在差异，本次调查将调研单位划分为高校、研究所、政府机构、内资企业、外资企业和其他等六档，其中高校和研究所占 25.2%，企业占 51.4%，其他单位为 22.4%（其中多数为医院等事业单位）。

结合上海市人才战略发展和调查对象特点，本次调查将被调查对象工作领域划分为科学教育、金融贸易、先进制造业、现代服务业及其他等五档，被调查对象中前四类人员所占比例共计 67.3%。

二 样本信度分析

通过 SPSS12.0 软件对问卷中 15 个主体指标进行可靠性分析，得到可靠性系数 $\alpha = 0.934$，$\alpha > 0.5$ 的信度水平，问卷调查结果可靠性良好，达到了问卷信度要求，本次调查有效。

第三节 调查对象对上海市科技人才政策的具体评价

一 调查对象对上海市人才政策的总体情况评价

1. 政策受关注程度

为了考察各类人才对上海市人才政策的关注程度，我们设计了相关问题。调查结果显示，在被调查的 107 位调查对象中，经常关注上海市人才政策变化的人仅占38.3%，有时关注的人占42.1%，两者之和为80.4%。具体见表14－2。

表14－2　　　　　　　　　　政策受关注程度

	频数	百分比（%）	有效百分比（%）	累计百分比（%）
经常关注	41	38.3	38.3	38.3
有时关注	45	42.1	42.1	80.4
很少关注	17	15.9	15.9	96.3
从不关注	4	3.7	3.7	100.0
总计	107	100.0	100.0	

　　为了考察政策受关注程度高低形成的原因，我们进一步调查了受众获取政策的有效途径。调查结果显示，通过网络、报刊、电视等媒体渠道得分均值最高，为3.893，占首选渠道的42.1%；其次相对集中的获取途径是被调查者所在单位的人事部门，得分均值为3.495，占首选渠道的34.6%。如表14－3、表14－4所示。

表14－3　　　　　　　　　　政策了解途径

	均值	标准差	样本数（人）
政府机构	2.836	1.1488	107
本单位人事部门	3.495	1.2280	107
网络、报刊、电视等媒体	3.893	1.1452	107
朋友同事	2.701	0.8491	107
其他	2.131	0.4521	107

表14－4　　　　　　　　　　政策了解首选途径

	频数	百分比（%）	有效百分比（%）	累计百分比（%）
政府机构	18	16.8	16.8	16.8
本单位人事部门	37	34.6	34.6	51.4
网络、报刊、电视等媒体	45	42.1	42.1	93.5
朋友同事	6	5.6	5.6	99.1
其他	1	0.9	0.9	100.0
总计	107	100.0	100.0	

从获取途径可以看出，随着媒体的不断发展与扩大，网络、报刊、电视等媒体在政策的推广中发挥了重要的角色。因此，为加强政策的宣传和推广，政府应注重对各种媒体渠道的利用，以达到良好效果。

2. 受众对政策的依赖程度

为考察受众对政策的依赖度，我们设置了相关问题。调查结果显示，在被调查的107名调查对象中被问及"在利用上海市人才政策解决相关问题时碰到什么情况"时，认为"想解决而不知道怎么解决"的人比例最高，为42.1%；其次是认为"积极争取可以解决"的人数比例，为29.9%；而"因政策缺乏而无法解决"的情况占19.6%；对政策完全不相信的占7.5%（见表14－5）。

表14－5　　　　　　　　　受众对政策的信任度

	频数	百分比（%）	有效百分比（%）	累计百分比（%）
信任	32	29.9	29.9	29.9
因不知道而不信任	45	42.1	42.1	72.0
因政策缺乏而不信任	21	19.6	19.6	91.6
完全不信任	8	7.5	7.5	99.1
缺失	1	0.9	0.9	100.0
总计	107	100.0	100.0	

由此可看出，受众对于政策应用效果的信任度、依赖程度较低。造成这一现象的最主要因素是政策推广程度不够，很多人并不知道相关政策或者并不知道如何应用相关政策解决自己的问题。另外，有关政策的缺失使得一部分人才不能享受相关的人才政策。

3. 政策覆盖程度

要了解政策执行效果情况，首先需要知道人们对人才政策的了解和掌握的程度。为此，我们对政策覆盖程度作了相关调查。从被调查的107名被调查者中，对于自己是否享受了可享受到的人才政策的问题，有47人认为并没有完全享受到相关人才政策，占43.9%；而认为享受了相关政策的占55.1%（见表14－6），可见政策覆盖率还有进一步提升的空间。

表 14 - 6　　　　　　　　　　　　　政策覆盖程度

	频数	百分比（％）	有效百分比（％）	累计百分比（％）
享受了相关政策	59	55.1	55.1	55.1
没有完全享受	47	43.9	43.9	99.1
缺失值	1	0.9	0.9	100.0
总计	107	100.0	100.0	

对被调查者中认为没有完全享受到相关人才政策的 47 人做调查，（其中有效问卷为 44 份）。在问题"没有完全享受政策的原因"中，因办理手续繁杂、享受政策的成本高而没享受相关政策的得分均值最高，为 2.841，统计百分比为 42.6％；认为政策本身缺乏吸引力以及相关职能部门没有执行政策而没能享受到相关政策的得分均值分别为 2.307 和 2.250，分别占 14.9％ 和 10.6％。而得分均值处于第二位的是除以上因素之外的其他原因，这其中最集中地体现在三个方面：①因自身条件不够而不属于政策受惠群体；②不知道相关政策；③因工作单位不同不能够享受相关人才政策等（见表 14 - 7）。

表 14 - 7　　　　　　　　　　　政策未完全享受的原因

		政策缺乏吸引力	办理手续繁杂、享受成本高	相关职能部门没有执行	其他
样本量	有效数（个）	44	44	44	44
	缺失数（个）	3	3	3	3
均值		2.307	2.841	2.250	2.602
标准差		0.7488	0.9870	0.6515	0.9799
频数		7	20	5	15
百分比（％）		14.9	42.6	10.6	31.9
有效百分比（％）		14.9	42.6	10.6	31.9
累计百分比（％）		14.9	57.5	68.1	100.0

从调查结果可以看出，目前上海市的人才政策受惠群体并没有真正享受到本应得到的人才政策利益或政策倾斜，造成这一现象很重要的原因之一是各类人才享受相关人才政策的成本太高，从而放弃了相关权益。另

外，政策受益对象的限定以及政策了解程度不够等原因也使得相当一部分人或被政策拒之门外，或被模糊了自身权利。这在一定程度上反映了目前政策制定中还存在着一定的问题，包括对于适用对象的选择上政策门槛过高，使得政策受益者只是少量的社会人才群体。同时，相当一部分人才因不清楚人才政策而没有享受到相应政策，也反映出政策宣传力度和执行力度的不足。

4. 政策执行程度

对享受过上海市人才政策的个体进行调查，在 85 份有效问卷调查结果中，有 83.5% 的人对上海市现行人才政策对人才个体的作用持积极态度，认为上海市人才政策对于人才发展有帮助。其中，认为政策推动了个人发展的比例为 11.7%，认为有明显帮助的比例为 20%，认为有帮助但不明显的比例最大，为 51.8%（见表 14 – 8）。

表 14 – 8　　　　　　　　政策对个体发展的作用

	频数	百分比（%）	有效百分比（%）	累计百分比（%）
推动了个人发展	10	11.7	11.7	11.7
有明显的帮助	17	20.0	20.0	31.7
有帮助但不明显	44	51.8	51.8	83.5
没有影响	14	16.5	16.5	100.0
总计	85	100.0	100.0	

从调查结果来看，虽然政策受众对上海市人才政策对个人发展的作用在很大程度上给予了肯定，但是政策作用效果并不显著。这主要有两方面的原因：一是政策在制定过程中多是从宏观角度进行，更多地考虑人才战略和人才发展环境等方面，较少地从个体角度出发，从而导致人才个体对政策的感知程度不高，使得政策评价得分较低；二是虽然有相关政策，但是在政策执行过程中操作层没有很好地把握政策实质，使得政策在执行过程中偏离了预期目标，而又缺乏及时校正。

5. 现行人才政策总体评价调查

按照上海市现有人才政策，我们将人才政策划分为人才引进政策、人才流动政策、人才使用政策、人才评价政策、人才激励政策和人才保障政策六大类。在上海人才战略规划实施和实现过程中，每一类政策都具有重要推动作用。而对于不同人才战略目标，每一类人才政策的推动作用又是有差异的。结合目前上海市建设成为国际人才高地的人才战略定位，哪一类人才政策对人才战略的作用最为突出是政策制定者需要掌握的内容。

表14-9　　　　　　　　　总体评价调查结果

	人才引进政策	人才流动政策	人才使用政策	人才评价政策	人才激励政策	人才保障政策
样本量（个）	107	107	107	107	107	107
缺失数	0	0	0	0	0	0
均值	4.154	3.308	3.192	3.079	3.458	3.808
标准差	1.4959	1.0476	0.9050	0.6907	1.0862	1.3187

通过对107名调查对象调查得到，在六大类人才政策中，对目前上海市人才战略实施起重要作用的政策是人才引进政策，得分均值为4.154，所占百分比为38.3%；其次是人才保障政策，得分均值为3.808，所占比例为22.5%；再次是人才激励政策和人才流动政策，所占比例分别为14%和12.1%；最后是人才使用和人才评价政策，比例分别为8.4%和4.7%。详见表14-9和表14-10。

表14-10　　　　对人才战略实施起正向作用的人才政策评价

	频数	百分比（%）	有效百分比（%）	累计百分比（%）
人才引进政策	41	38.3	38.3	38.3
人才流动政策	13	12.1	12.1	50.4
人才使用政策	9	8.4	8.4	58.8
人才评价政策	5	4.7	4.7	63.5
人才激励政策	15	14.0	14.0	77.5
人才保障政策	24	22.4	22.5	100.0
总计	107	100.0	100.0	

对各类政策评价得分进一步分析，可以得到各类政策评价得分的分布情况。其中，人才引进政策得分值分布情况最为集中，该政策是推动人才战略发展的首选政策类型，所占比例为39.3%。当然，这一结果与目前

上海市人才战略定位是密切相关的。

6. 上海市人才政策措施成功之处

根据上海市建设成为国际人才高地的人才战略发展要求，上海市颁布了很多相关人才政策，也实施了一系列的人才政策措施。对于各类人才政策措施实施效果，我们设计了相关问题进行调查。

调查结果显示，上海市实施诸类人才政策措施中，"引进优秀人才"和"实施人才政策改革，优化人才成长环境"两种举措的效果最好，得分均值最高，分别为4.075和4.103，所占比例均为34.6%；其次是"采用合理的考核、激励手段留住现有人才"的措施，得分均值为3.617，所占比例为18.7%，见表14-11。

表 14-11　　　　　　　　　　人才政策措施成功的做法

	频数	百分比（%）	有效百分比（%）	累计百分比（%）
引进优秀人才	37	34.6	34.6	34.6
加大教育投入和毕业生留沪数量	6	5.6	5.6	40.2
培养已有人才	4	3.7	3.7	43.9
采用合理的考核、激励手段留住现有人才	20	18.7	18.7	62.6
实施人才政策改革，优化人才成长环境	37	34.6	34.6	97.2
其他	3	2.8	2.8	100.0
总计	107	100.0	100.0	

对两种效果最好的人才政策措施得分情况进行分析，可以看出，对于"实施人才政策改革，优化人才成长环境"措施得分高于4分的比例为42.1%，认为该项政策为首选优效措施的比例为31.8%；虽然对于"大量引进优秀人才"措施得分高于4分的比例为36.4%，低于"实施人才政策改革，优化人才成长环境"措施，但作为首选的优效措施的比例最高，达到了35.5%。因此，总体上对于上海市各类人才政策措施而言，"大量引进人才"措施是最为有效的，其次是"实施人才政策改革，优化人才成长环境"措施。

二　调查对象对上海市人才政策的分项评价

为了更好地了解上海市具体人才政策类型和关键政策执行实施效果情

况，我们也通过问卷的形式做了相关调查。根据研究内容定位，对人才政策中的人才引进政策、人才培养政策、人才评价政策以及人才激励政策进行了调查。

1. 人才引进政策

人才引进政策是目前上海市人才政策重点。为了解上海市人才引进政策的政策实施情况，我们对上海市吸引人才的最大优势做调查，调查结果如表14－12所示。

表14－12　　　　　　　　　　人才引进政策的优势调查

		更开放的社会氛围	更优越的生活环境	更多的事业发展机会	更高的工作回报	更具吸引力的人才政策	其他
样本量	有效（个）	107	107	107	107	107	107
	缺失（个）	0	0	0	0	0	0
均值		4.019	3.070	4.935	3.056	3.009	2.911
中值		3.000	3.000	6.000	3.000	3.000	3.000
标准差		1.4323	0.5926	1.3755	0.5593	0.4999	0.3057
频数		36	3	63	3	2	0
百分比（%）		33.6	2.8	58.9	2.8	1.9	0
有效百分比（%）		33.6	2.8	58.9	2.8	1.9	0
累计百分比（%）		33.6	36.4	95.3	98.1	100	100

调查结果显示，目前上海市在人才引进方面的最大优势在于它具备了"更多的事业发展机会"以及"更开放的社会氛围"，两者的得分均值较高，分别达到4.935和4.019，总计比例达到95.3%。而"更具吸引力的人才政策"分值较低，仅为3.009，所占比例还不到2%。由此可以看出，上海市在人才引进方面的优势更多的是上海经济发展快和开放程度高所带来的人才效益，在人才政策上并不具有明显优势。同时，上海市生活环境和工作回报相比其他城市而言，也是人才引进的相对劣势。

2. 人才培养政策

为了解上海市在人才培养政策方面的情况，我们对人才培养需求进行了调研。调查结果如表14－13所示。

调查结果显示，目前上海市人才培养和培训的个体需求重点集中在有关个人职业发展的培训，所占比例达到46.7%；其次是适应新技术能力的培训，所占比例达到24.3%；最后是塑造正确的价值观、人生观的培训和完成本职工作能力的培训，所占比例分别为14%和13.1%。

表14-13　　　　　　　　人才培养政策需要加强的方面

	频数	百分比（%）	有效百分比（%）	累计百分比（%）
完成本职工作能力的培训	14	13.1	13.1	13.1
适应新技术的能力的培训	26	24.3	24.3	37.4
个人职业发展的培训	50	46.7	46.7	84.1
塑造正确的价值观和人生观的培训	15	14.0	14.0	98.1
其他	2	1.9	1.9	100.0
总计	107	100.0	100.0	

从统计结果来看，目前对于人才培养方面关注的重点在于个人职业发展培训和适应新技术能力的培训。而从上海市近几年有关人才培养方面的政策来看，培养政策主要是对于成人教育和公务员培训教育方面。对于政府而言，应该发挥其宏观指导作用，制定更完善的政策以监督企业加强人才职业发展的培训，满足各类人才的个体发展需求，提高人才的综合素质和水平。

3. 人才评价政策

为了解目前上海市人才评价政策实施状况，问卷设计了相关问题，以了解人才评价的重要影响因素。问题中涉及人才评价因素共包括学历和资历、业务能力、工作业绩、职业伦理、人际能力、领导偏好等6项。按照目前人才评价中各因素重要性程度进行排序打分，从最重要到最不重要的分值分配分别为：6、5.4、3、2、1。调查得分情况如表14-14所示。

表14-14　　　　　　　　人才评价政策调查统计

		学历、资历	业务能力	工作业绩	职业伦理	人际能力	领导偏好
样本量	有效（个）	107	107	107	107	107	107
	缺失（个）	0	0	0	0	0	0
均值		4.21	4.28	4.29	2.33	3.19	2.71
中值		4.00	5.00	4.00	2.00	3.00	2.00
标准差		1.681	1.433	1.325	1.510	1.415	1.699

从各项得分统计情况可看出，目前的人才评价体系中，主要的评价依据是工作业绩、业务能力和学历资历，其次是人际能力，再次是领导偏好，而职业伦理却被排在了最后。因此，目前对人才评价主要是业绩和学历导向，而对于人才评价的重要方面——职业伦理却被忽视了。就目前的人才评价政策而言，政策集中在人才职业资格考试等方面，真正的人才评价标准并不存在。

4. 人才激励政策

有关人才激励政策的调查，采用了与人才培养政策调查同样的办法，从受众的角度了解政府在人才激励政策中工作的侧重点。所列因素包括经济发展重点的人才需求、人才的社会结构匹配与平衡、人才个体能力与资历、人才个体的价值追求与精神素养、领导的工作思路与偏好 5 个方面。调查统计得分情况如表 14 – 15 所示。

表 14 – 15　　　　　　　　　人才激励政策调查统计

		经济发展重点的人才需求	人才的社会结构匹配与平衡	人才个体能力与资历	人才个体的价值追求与精神素养	领导的工作思路与偏好
样本量（个）	有效	107	107	107	107	107
	缺失	0	0	0	0	0
均值		4.28	3.52	2.95	1.86	2.38
中值		5.00	4.00	3.00	2.00	2.00
标准差		1.114	1.067	0.965	0.956	1.496

调查结果显示，目前上海市人才激励政策的倾向性在经济发展重点的人才需求方面，其得分均值最高，为 4.28，并且有 58.9% 的人将其作为激励政策的首选因素；其次是人才的社会结构匹配与平衡因素，得分均值为 3.52；再次是人才个体能力与资历方面，得分均值为 2.95；而人才个体的价值追求与精神素养、领导的工作思路与偏好得分相对较低。

从统计得分情况可以看出，目前人才激励政策的施用对象主要是对经济发展及社会结构调整有作用的人才群体，政策的普及面有限。这一点与前面人才政策梳理中人才激励政策是一致的。在前面的政策梳理中，有关人才激励政策的重点是高层次人才，如《关于对中国科学院、中国工程院在沪院士实行院士生活津贴的通知》、《白玉兰科技人才基金实施管理暂行办法》等政策，而对于一般人才的激励与引导性政策却相对缺乏。

　　5. 关键政策评价

　　为了更好地把握现在人才政策体系中的关键和热点政策，对部分单位从事人事工作的负责人进行了访谈。在访谈过程中了解到，目前大家关注的重点政策主要集中在以下几方面：居住证政策、高校毕业生留沪政策以及有关人才引进的相关政策等。其中，政府网站调查中普遍反映问题最大的是居住证政策。因此，针对以上关键政策设计了相关问题，了解、评价其实施执行情况。

　　（1）居住证政策。在被调查的107位调查对象中，有55位曾经办理过上海市人才引进居住证，因此，有关居住证的相关问题，调查对象限定在这55位。

　　我们对居住证政策执行过程情况做了相关调查。被调查对象中，在问及办理居住证时的感受时，认为办理顺利的比例仅为21.8%，而认为一般或不顺利的比例为78.2%（见表14－16）。

表14－16　　　　　　　　　居住证政策执行过程情况调查统计

	频数	百分比（%）	有效百分比（%）	累计百分比（%）
顺利	12	21.8	21.8	21.8
一般	25	45.5	45.5	67.3
不顺利	18	32.7	32.7	100.0
总计	55	100.0	100.0	

　　为了解造成居住证办理不便的原因，我们设计了相关调查问题。调查结果显示，在执行过程中，居住证办理手续烦琐是该政策执行不畅的主要原因，所占有效百分比为65.8%；办理周期太长的有效百分比占到10.5%；而办事人员态度差、条件限制太多等原因影响较小，所占有效百分比例总计为5.2%；其他原因所占有效百分比为18.5%。通过对问卷进行整理分析发现，其他原因中最突出的是居住证时效太短、办理太频繁，其次是由于认为所列原因均存在而在"其他"选项中做了补充说明（"以上原因都有"）。统计结果见表14－17。

　　（2）高校毕业生留沪政策。在被调查的107名对象中，有15人享受过上海市高校毕业生留沪政策。对这部分人进行调查，对上海市高校毕业生留沪政策的总体评价结果如表 14 – 18 所示。

表 14 – 17　　　　　　　　　　居住证办理不力原因

		频数	百分比（%）	有效百分比（%）	累计百分比（%）
有效数	手续烦琐	25	58.1	65.8	65.8
	办理周期太长	4	9.3	10.5	76.3
	办事人员态度差	1	2.3	2.6	78.9
	限制过多	1	2.3	2.6	81.5
	其他	7	16.3	18.5	100.0
	共计	38	88.4	100.0	
系统缺失		5	11.6		
总计		43	100.0		

表 14 – 18　　　　　　　　　　高校毕业生留沪政策调查统计

		形成了良好的竞争氛围	优化了人才结构	不利于人才的集聚	造成了人才的流失	其他
样本量	有效数（个）	15	15	15	15	15
	缺失数（个）	0	0	0	0	0
均值		3.167	3.667	2.833	2.833	2.500
标准差		1.1443	1.2910	0.8797	0.8797	0.0000
频数		4	8	1	2	0
百分比（%）		26.7	53.3	6.7	13.3	0
有效百分比（%）		26.7	53.3	6.7	13.3	0
累计百分比（%）		26.7	80	86.7	100	100

调查结果显示，对于上海市高校毕业生的总体评价为优的比例较高，达到 80%。其中，认为该政策优化了人才结构的比例最高，为 53.3%，得分均值为 3.667；其次是认为该政策形成了良好的竞争氛围，所占比例为 26.7%，得分均值为 3.167。因此，从总体上来看，这一政策是有效的。

对上海市毕业生留沪政策的改进方面，调查显示，最主要的是考核办法的多样化，得分均值最高，为3.433；其次是减少毕业生留沪的限制，得分均值为3.133；对于紧缺专业优先、高学历优先及其他方面的建议则不明显，得分均值相对较低，分别为2.833、2.800和2.800。由于调查对象人数较少的限制，调查结果不是太显著，对于改进建议主要集中在减少限制、扩大吸纳范围的角度（所占比例达到了60%）。调查统计结果如表14-19所示。

表14-19　　　　　　　　　毕业生留沪政策改进策略调查统计

样本量（个）		高学历优先	紧缺专业优先	考核办法多样化	减少留沪限制	其他
样本量（个）	有效数	15	15	15	15	15
	缺失数	0	0	0	0	0
均值		2.800	2.833	3.433	3.133	2.800
标准差		0.9024	0.8797	1.2081	1.1721	0.9024

三　调查对象对人才政策进一步的期望与建议

为了解决现有政策中尚存的一些问题，对现有人才政策进行改进，以更好地促进上海市人才政策的进一步完善，本次调查在评价人才政策实施成效的基础上，通过开放性问题等方式进一步了解各类人才对目前上海市人才政策的需求、期望以及建议。

1. 个体关注的方面

问卷列出了有关生活中个体关注的常见的6个方面，要求被调查者选出对于即将进入上海工作人才认为最关注的内容。调查结果显示，"住房问题"、"个人发展问题"、"户籍问题"是被引进人才所关注的三大主要方面。三个方面选项的得分均值分别为4.650、4.551和4.463（见表14-20）。

表14-20　　　　　　　　　　　个体关注的问题

样本量（个）		个人发展	户籍	住房	子女教育	配偶工作	社会福利待遇	其他
样本量（个）	有效	107	107	107	107	107	107	107
	缺失	0	0	0	0	0	0	0
均值		4.551	4.463	4.650	3.738	3.425	3.869	3.285
标准差		1.7550	1.6234	1.6125	0.9550	0.4895	1.2157	0.5626

这与当前上海市的生活现状极度相关。首先，目前住房问题是广大来上海发展的人才所考虑的最主要问题之一。毕竟，当前供不应求的房地产市场造成的居高不下的房产价格不是一般的工薪阶层所能够负担得起的。因此，上海市过高的生活成本在一定程度上抑制了人才流入。其次，上海市无论从经济发展程度上还是从开放程度上，在国内是走在前列的，开放的社会环境提供了更多的个人发展机会。从这个意义上讲，更多的个人发展机会是上海市引进人才的先天优势。综合这两个方面来看，上海市在人才引进上优势与劣势并存，在今后的工作中应该保持优势，弥补劣势，最大限度地引进所需人才。

另外，无论是在访谈、问卷调查，还是在上海市人事局网站中的信访室，户籍问题一直是人们关注的重点和热点。之所以被大家广泛关注，分析下来主要有两方面原因：一是该类政策与人们的生活和工作关联度大；二是该类政策自身不完善，规定模糊，存在的问题多。因此，是否能够解决好户籍政策，在很大程度上决定了引进人才对上海市人才政策的信任程度。

2. 调查对象的期望与建议

通过问卷我们调查了对于目前人才政策改进的建议措施。问卷中涉及的方面主要有 5 项，调查结果显示，对于人才政策的改进主要从三个方面入手，即"更开放的人才准入门槛"、"更完善的生活配套政策"以及"更周全的人才流动服务体系"。三个选项的累计百分比达到了 87.9%。其中，"更开放的人才准入门槛"比例最高，为 41.2%。见表 14 – 21。

表 14 – 21 调查对象对人才政策改进建议措施

	频数	百分比 （%）	有效百分比 （%）	累计百分比 （%）
更开放的人才准入门槛	44	41.2	41.2	41.2
更周全的人才流动服务体系	24	22.4	22.4	63.6
更完善的生活配套政策	26	24.3	24.3	87.9
更多样化的人才开发基金投入	7	6.5	6.5	94.4
专项人才成就奖励政策	5	4.7	4.7	99.1
其他	1	0.9	0.9	100.0
总计	107	100.0	100.0	

在问卷的开放性问题中，我们进一步征询了对上海市人才政策具体的意见或建议。有45名调查对象提出了相关意见并给出了政策改进建议。通过对这些意见或建议的整理发现，主要涉及的问题有户籍居住证问题、人才引进问题等相关政策。其中，关注最多的仍然是有关户籍问题。归纳起来，主要涉及以下几个方面：

（1）居住证政策。居住证政策一直以来是备受关注的重点政策。通过问卷整理，对于该政策存在的问题主要有：①居住证办理手续烦琐。办理居住证所需要材料包括：房东的房产证、房东的身份证、治安证明，房东本人也必须到房产部门办理有关登记手续。这一系列的材料使得居住证办理起来非常费力。②居住证时效太短，在不停的续办过程中浪费了太多的时间和精力。现在大部分的人才引进居住证都需要一年一办，既烦琐，又花费精力，浪费时间。③居住证转户口。在现有的人才政策中没有对此内容进行规定或解释，很多已经在上海有房、有稳定工作和收入、并且居住多年的人才仍然不知道还要办多少年的居住证。④与居住证有关的待遇漏洞。目前居住证与"四金"挂钩。如果居住证办理时效过期，则将"四金"冻结，重新办理居住证后，以前交的"四金"却不再返还。另外，因为居住证办理手续烦琐，耗费时间长，致使养老医疗方面得不到保障。

改进建议主要有：①明确所需材料，简化办理手续（如只需本人的身份证、房屋租赁合同及居委会的证明即可），缩短办理时间，延长居住证时效。②放宽户籍准入制度，降低入沪户籍门槛。对已在上海工作了一定年限的人才（如5年及以上），实行更开放的人才准入，即考虑可以迁入户口，解决其后顾之忧，更安心地投入工作。③取消居住证制度，对于引进人才给予相关的户籍政策保证。采取更开放、更包容的姿态来引进人才，减少因户籍问题给人才的引进和发展造成的障碍。

上海市对外来人才应该像重庆市对待农民工那样与本地市民采取同样的待遇，而不是设很多门槛让人去钻、去跳，想办法把人拦在上海市外面。比如办上海市居住证A，要很多的条件和手续，很长的时间，续办也同样麻烦。

（2）毕业生留沪政策。对于毕业生留沪政策的建议主要有两方面：一是对于毕业生留沪手续的办理时间安排问题，二是该政策对于毕业生留沪的限制问题。对于第一个问题，主要是毕业生留沪政策中规定的留沪手续的办理有时间限制，一般是每年的 5、6 月份，而目前很多研究生的毕业时间是在春季，这会与户籍办理有一段时间间隔。而这种情况下，这部分人员的户籍处理就会遇到困难，相关部门甚至不予办理。第二个问题，仍然可以归为人才引进问题，即对于毕业生户口的准批规定越来越严格，对人才进行了限制。

另外，毕业生留沪政策变化太快也是目前存在的一个大问题。该政策几乎每年都在变化，使得很多学生对此无法把握，在一定程度上影响了个人的职业规划。

（3）人才引进。上海市的人才引进政策是目前上海人事人才工作的重点政策，这类人才政策也是出台数量比较多的。同样，出现问题也就在所难免。主要的问题建议有：①以开放的思路，从全国乃至全世界的范围选拔人才，塑造更加宽松的社会制度和更开放的文化态度，扭转地域偏好型的社会意识，形成高层次人才内聚上海的向心力。②跟踪人才引进后的使用情况，避免造成人才的重复浪费。③关注引进人才的生活状况。帮助他们解除后顾之忧，如住房、子女教育等，避免由于现实民生问题导致人才向周边省市流失。④增强海外人才吸引与政策引导，如设立金融人才专项。

（4）政策宣传与普及。在问卷调查中，一部分调查对象正是由于对相关的人才政策不了解、不熟悉而没有完成问卷。这本身也体现出了政府对于人才政策宣传力度的不够。在开放性问题中，也得到了同样的答案。增大宣传和推广力度，定期公布人才政策消息对于人才政策的实施是很有必要的。

（5）社会保障与市民待遇问题。调查问题统计显示，该类问题是大家普遍关注的问题。相关的问题和建议主要有：

①把社保或医保从外地转入上海。②降低门槛，消除本外地待遇差异。③政策虽对人才表现出与上海市民各个方面平等对待的姿态，但在实际操作中，如子女求学问题，对人才的户口解决问题等方面依然还有诸多不平等。④增强对外来引进人才的政策待遇，将有关政策落实到实处，缩短上海居住证的办理周期，切实解决子女的入学/升学问题。

（6）办事效率与服务意识。调查问题中，调查对象对于政策执行者的要求和建议主要有：

①提高办事效率，树立服务意识，切忌态度粗暴，正确体现国际大都

市的风貌，少收费，多办实事。②建立人才服务体系。③制定更加完善的人才服务体系，让各类人才能安心、舒心、放心地去为上海的发展和建设尽心尽力。④以人为本。

（7）其他。除了以上几类比较集中的问题外，在人才考评、人才流动体系建设、加强政策的稳定性、连贯性等方面问题也有涉及。

第十五章 新政策体系设计构思

根据政策系统研究的内容及运行原理，结合前述对上海市人才政策执行成效的评估结果，本部分对上海市人才政策体系的完善和改进提供设计思路。新政策的设计应贯穿"以人为本"理念，以期更好地体现人才政策对各类人才的管理，提高人才效能，更好地为经济建设与发展服务。

第一节 政策改进思路

通过对上海市人才政策宏观整体的定量评价和人才个体的实证评价，对上海市的人才政策状况有了系统认识。虽然人才政策在总体上取得了一定成绩，但也存在着不少问题需要进一步改进和解决。对于人才政策的改进，在策略上，建议降低地区迁徙成本，适当奖励专业型人才，为高层次人才创造更好的文化氛围，完善相应的生活配套政策，并提高城市的整体服务意识。结合上海市人才政策现状，人才政策的进一步发展与改进思路主要在以下三方面。

一 人才政策内容改进

1. 完善人才政策体系，保证政策的完整性

虽然目前上海市政策在各功能模块都有涉及，但不论在政策广度还是深度上，各个功能模块极不均衡。特别是在激励、保障和评价方面，人才政策体系亟须完善。只有各功能模块政策都完善了，人才政策才能通过系统化的体系发挥它对人才成长、区域经济发展的正向作用。

2. 在保持一致性的基础上，体现人才政策的个体化差异

上海市人才政策不但要在功能上完善，还要在对象上更具针对性。因为不同类型人才在需求、特点、规模以及紧缺程度上都有显著差异。政策

若要服务于广大人才，让每一个人才受益，就要关注人才的差异性，并在政策上体现这种差异性。同时，注重和谐，在保持一致性的基础上，实现人才政策的个体化差异。

3. 增强政策内容的实用性和可操作性

在调研中，一个显著性的问题就是政策的实用性不强，操作性差，导致很多初衷很好的政策没有收到预期结果，这对政策本身是一种浪费，所以政策内容的实用性和可操作性应该引起政策制定部门的充分重视。

4. 注意政策的系统协调性，使有关法规和其他政策相互协调

上海市人才政策是整个人事政策的组成部分，也是上海市城市建设的一部分，人才政策必须与其他部门政策相协调，这样才能共同促进上海城市发展。特别是在政策设计之初，应广泛了解其他相关政策法规，使其互相促进，互为补充，构成一个协调有序的上海市政策法规体系。

二　人才政策管理改进

1. 充分运用信息科技手段，建立相应政策宣传和实施操作平台

增大政策的宣传和推广力度，简化政策执行过程的手续，使相关人才政策的办理更加便捷。

2. 推动可持续的人才政策运营机制，加强政策的连贯性和动态性

在保证政策体系结构完整性的前提下，应根据经济发展规划和预期，预测政策发展和制定的方向，将政策的制定与出台过程变被动为主动，以加强政策的连贯性。同时，定期对政策实施状况进行评估，并对时效性差的政策及时进行调整，以保证政策的动态性。

3. 保持政策的先进性，形成政策的比较优势，加强人才政策的吸引力

加强与兄弟城市甚至发达国家的人才政策比较研究，掌握效果良好的人才政策改革方向，对政策内容不断充实与完善，形成国内人才政策的比较优势，以更好地吸引所需人才。

三　完善"以人为本"的人才政策设计理念

1. 完善各种生活配套措施，增强人才的城市归属感

目前上海市生活成本较高，人们在缺乏相关生活配套的情况下，生活幸福指数降低。同时，大部分人才被引进后并没有享受到真正的市民待遇，人才缺乏城市归属感。

2. 进一步完善人才保障措施，提供人才政策制度保障

当前人才政策体系中问题比较集中的政策就是居住证政策。实际上对

该政策的需求归根结底是对于人才保障的需求,从紧的居住证政策在一定程度上是从紧的人才引进政策。户籍问题的限制在一定程度上恰恰将城市所需人才拒之门外。先前政策遗留问题不能作为当前政策限制的借口,政府应该真正从当前存在问题出发,找出解决问题的思路和方案。

尤其是目前上海房价飞涨,给各类人才带来了前所未有的生活压力,政府在对低收入群体加大保护的同时,对引进的人才也应考虑出台类似保障政策。如由单位或政府给予政策偏斜,在一定期限内分配"廉租房"或"人才房"等过渡性房源,实现平稳过渡,保证人才队伍的稳定性。

3. 建立引进人才反馈机制,加强被引进人才的后期管理

目前上海市在人才工作中的重点之一是人才引进,而被引进人才的后期管理却相对缺乏。只有充分挖掘现有人才的潜能才能够更好地发挥人才效能,满足城市经济发展需要。

第二节 新政策体系设计构思

一 政策设计原则

1. 人才整体战略需求与人才个体发展需求相结合的原则

人才整体战略需求是目前政策制定的主要出发点,关注战略需求十分重要,这关系着上海市未来的发展方向,但是人才个体发展需求同样不能忽视。关注人才个体发展需求,不但能体现上海市对人才的重视,增加上海人才吸引力,更能保证人才潜力得到充分发挥。只有找到人才整体战略需求与人才个体发展需求的结合点,才能营造一个积极的人才使用环境,才是真正意义的以人为本。

2. 顶尖人才开发与潜在人才开发相权衡的原则

树立可持续发展的人才观,提出新的政策设计原则,即顶尖人才开发与潜在人才开发相权衡,要求政策设计者能够以发展的眼光看待人才。一方面积极吸引顶尖人才,支持上海市现在的经济文化建设;另一方面关注上海市发展战略与方向,做到未雨绸缪,保证上海市人才供给,节约人才引进成本,营造一个满足大众人才激励氛围。潜在人才的开发可以从职业生涯规划、培育等方面制定人才成长引导政策。

3. 阶段性重点政策与持续性系统政策相匹配的原则

人才政策服务于上海市整体发展战略，城市的整体发展战略具有阶段特征性、内容重点性、推动持续性的特点，决定了政策的制定原则也应将阶段性重点政策与持续性系统政策相匹配。要求政府适时发布阶段性重点人才政策，以解决人才需求热点问题、满足城市阶段发展需要。同时，系统地规划人才政策并适时推出，确保各阶段人才政策的衔接性和可持续性，满足城市整体战略的需要。另外，上海市在政策上对人才的态度也由持续性系统政策来体现。阶段性重点政策与持续性系统政策互为补充、互相对应，做到最佳匹配。

4. 政策执行的动态性与稳定性相协调的原则

政策发布不是政策制定的结束，而是政策完善的开始。有效的政策不仅需要周密的政策预测、政策调研、政策设计，还需要在实施过程中不断监察、评价，最后通过反馈进行调整。这种不断根据经济环境、人才需要进行的调整体现了政策的动态性。而稳定性也是政策执行中必需的，稳定的人才政策是人才获得城市归属感、事业安全感的关键。

二　新人才政策体系设计构思

为保证政策的系统性与科学性，兼顾人才政策工作的实际应用性，在新政策设计中，上海市新人才政策进行规划与设计应从人才政策体系总体框架规划、人才政策内容以及人才政策管理等三个设计要素入手。

1. 人才政策体系总体框架规划

人才政策体系应该是一个完整的政策系统。在实际工作中，不仅要根据当前工作的需要安排实施相关政策，也要对人才政策进行总体框架规划设计，以保证人才政策的系统性、完整性和动态性。因此，政策总体框架规划是人才政策设计的要素之一。在政策制定过程中，应该在分析目前上海市人才政策现状的基础上，结合公共政策系统性的特点，对上海市人才政策进行总体框架的规划。

对于人才政策系统而言，既要保证政策体系的系统性与完整性，又要坚持政策的实用性和可操作性。因此，对于整个人才政策体系框架而言，需要将人才政策体系进行职能划分。从人才政策系统功能上讲，可将其划分为三个职能模块：政策预测与评估管理模块、政策实施与执行管理模块以及政策内容设计模块。如图 15 - 1 所示。

图 15 – 1　人才政策体系框架规划图

其中，人才政策预测与评估管理模块的主要功能是：对人才政策发展趋势进行预测；完成政策需求论证；对已实施政策进行过程评估与后效评估；提供新政策补充序列等。

人才政策实施与执行管理模块的主要功能是：负责人才政策的推广与宣传；有效传达人才政策的思路与重点；解决政策执行过程中的问题；收集政策实施后的信息反馈，发现政策需要改进的地方；实施政策过程控制等。

人才政策内容设计模块的主要功能是：进行新政策设计论证；完成新政策内容设计；结合实施政策效果对政策改进与完善等。

通过人才政策体系总体规划，可以将人事人才工作进一步细化，同时明确各模块执行人员的职能，进而加强和规范人才政策管理。

2. 人才政策内容模块

为保证政策体系的完整性与系统性，可从上海市人才政策的六个模块（第十二章所述）进行统筹与平衡，防止政策偏颇与缺失。同时，针对六个模块，结合政策评价的结果和政策改进思路，针对存在的问题，寻找各政策模块的缺口，并对其政策模块内容进行补充与修订。

从个体的问卷调查知，目前的人才政策体系并不完善，某些人才政策大类中缺乏相关的人才政策，导致了一些人才政策的缺失。因此，可根据本研究对上海人才政策六大类别划分，即人才引进政策、人才使用政策、人才培养政策、人才评价政策、人才激励政策、人才保障政策，作为基本模块对其相应内容进行补充和调整。

其中，人才引进政策与人才培养政策是对上海市人才战略发展有重要作用的政策模块，它们对人才增长效应的提高具有显著效果；人才引进政策与人才保障政策是有效吸引外来人才，发挥人才积聚效应的重点政策模块；人才使用政策、人才评价政策与人才激励政策是提高现有人才效能的重要政策模块，也是目前需重点加强的政策模块。

3. 人才政策管理

任何政策的实施与执行都需要有效的管理措施来保证其执行效果。因此，必须对政策制定、实施、执行、控制以及评估各环节进行有效管理，才能够真正地发挥人才政策的作用，以达到充分挖掘人才效能、实现人才对经济发展的推动作用。

通过对人才政策实施效果定量评价和个体受众调查，发现目前上海市对于人才政策管理还有很大提升空间。因此，在对人才政策内容进行改进与完善的同时，也应加强对人才政策的管理，提高人才政策实施与执行成效，以达到人才政策宏观调控目的。针对目前人才政策系统管理中存在的问题，应在保证人才政策内容平衡与完整的基础上，进一步规范政策出台流程，提高政策实施执行成效。

政策的出台应该遵循一定流程，以保障政策的顺利实施以及实施效果。一般而言，人才政策的出台一般应遵循图15－2所示流程。

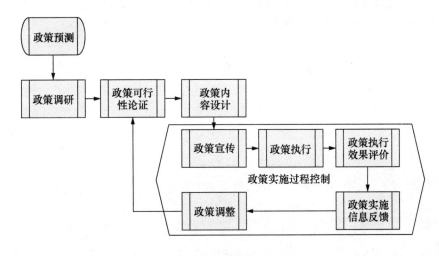

图15－2　人才政策出台流程图

通过规范政策前期准备（政策预测、政策调研、政策可行性论证、政策内容设计）、政策实施过程管理（政策宣传、政策实施、政策执行）以及政策后期管理（政策执行效果评价、信息反馈、政策调整）等政策系统三大流程环节的有效实施，将政策过程控制纳入政策实施过程，可提高政策的可行性和可操作性，增强政策实效，达到人才政策实施目的。

另外，从前面的政策评价结果可知，目前在政策实施过程中突出的问题在于政策的宣传、动态性和连贯性。因此，在政策实施中应该提高这方面的管理水平。

对于政策宣传，其主要问题是宣传途径单一，政策覆盖程度不够，或者说没有很好地考虑人才个体了解人才政策途径的渠道偏好。因此，在利用原有宣传途径的基础上，充分利用电视、互联网、手机短信等媒体形式，按照人才政策不同的内容模块，定期对各种人才政策进行公布与宣传。对于一些热点与重点政策，要在宣传的同时加强对政策执行过程的指导，解决人才在政策办理中的内容含糊、手续烦琐、周期长、享受成本高等问题。

对于政策实施的动态性与连贯性，可通过管理出台流程的规范来予以保障。政策预测与调研能够避免人才政策制定的盲目性，增强政策的前瞻性与实用性；政策执行效果评价和信息反馈可进一步考察政策的执行效果，及时修正或废除不当或过时的人才政策，以保持政策的连贯性。就整个流程而言，对人才政策的实施是一个动态的、持续推进的过程。

附录 1　宏观评价方法

国内外进行综合评价的方法很多，主要有主成分分析法、灰色关联分析法、模糊综合评判法和模糊优选模型法等。每种方法各有其特点：主成分分析法在对高维变量进行降维处理时，要保证数据信息损失最小较困难；灰色关联法根据因素间发展态势的相似或相异程度来衡量因素间接近的程度，适用于评价指标不多的情况；模糊综合评判法中确定隶属函数有一定的困难；模糊优选模型法，提出了相对隶属度的概念，在一定程度上减少了隶属度函数的"主观任意性"，在定量指标比较多的评价问题中，模糊优选模型法的优越之处尤其明显。

在总结已有研究成果基础上，结合人才政策效果评价指标体系特点，利用多层次模糊优选模型方法，对上海市不同时期人才政策效果进行综合评价。其中，每一年份的效果相当于模糊优选模型中的一个方案，可根据各年份指标值从属于总效果优等方案隶属度的优度值来判断各年份的政策效果。

根据本篇第十三章所列人才政策效果评价指标体系的特点，采用两个层次的多因素模糊优选模型对上海市人才政策执行成效进行评价。

评价模型如下。

1. 方案集 S

M 个决策方案 s_i（$i = 1, 2, \cdots, m$）构成优选方案集 $S = \{S_1, S_2, \cdots, S_m\}$。

2. 指标集 G

有 n 个相互独立的影响因素 $G_j = \{j = 1, 2, \cdots, n\}$ 构成指标集 $G = \{G_1, G_2, \cdots, G_n\}$，并将 n 个指标按 l 个评价要素分成 l 类，$G = \{G_1, G_2, \cdots, G_l\}$，即相当于形成了两个层次的指标（即要素层和指标层），并使得 $G = \bigcap_{k=1}^{l} G_k$，且 $G_k \cap G_t = \phi$（$k \neq t$），称 $G = \{G_1, G_2, \cdots, G_l\}$ 为

第一层次指标集（要素层组成的集合，以下简称一级指标集）。

设 $G_k = \{G_1^{(k)}, G_2^{(k)}, \cdots, G_{n_k}^{(k)}\}$，

其中，$k = 1, 2, \cdots, l$

$n_1 + n_2 + \cdots + n_l = \sum\limits_{k=1}^{l} n_k = n$，为第二层指标集（以下简称二级指标集）。

3. 建立优属度矩阵

用向量 X_i 表示二级指标集 G_k 对第 i 个方案的 n_k 个评价指标特征值，则 $X_i = (X_{1i}, X_{2i}, \cdots X_{n_k i})^T$，其中 $i = 1, 2, \cdots, m$

从而 G_k 对于全体待优选的 m 个方案的 n_k 个评价指标的特征值表示如下：

$$X_{n_k \times m} = \begin{bmatrix} x_{11} & x_{12} & \cdots & x_{1m} \\ x_{21} & x_{22} & \cdots & x_{2m} \\ x_{n_k 1} & x_{n_k 2} & \cdots & x_{n_k m} \end{bmatrix}_{n_k \times m} \tag{1}$$

再根据指标类型按式（2）—（4）对矩阵 $X_{n_k \times m}$ 进行标准化计算，将 $X_{n_k \times m}$ 中的评价指标特征值转化为相应的隶属度（即相对隶属度）。

越大越优型：$r_{ti} = \dfrac{x_{ti}}{\bigvee\limits_{h=1}^{m}\{x_{th}\} + \bigwedge\limits_{h=1}^{m}\{x_{th}\}}$ （2）

越小越优型：$r_{ti} = 1 - \dfrac{x_{ti}}{\bigvee\limits_{h=1}^{m}\{x_{th}\} + \bigwedge\limits_{h=1}^{m}\{x_{th}\}}$ （3）

适度中间型：$r_{ti} = 1 - \dfrac{|x_{ti} - \overline{x_{ti}}|}{\bigvee\limits_{h=1}^{m}\{x_{th}\} + \bigwedge\limits_{h=1}^{m}\{x_{th}\}}$ （4）

其中，$\overline{x_{ti}}$ 为某一指标的理想值。从而得到 G_k 的优属度矩阵：

$$R_{n_k \times m} = \begin{bmatrix} r_{11} & r_{12} & \cdots & r_{1m} \\ r_{21} & r_{22} & \cdots & r_{2m} \\ \vdots & \vdots & \vdots & \vdots \\ r_{n_k 1} & r_{n_k 2} & \cdots & r_{n_k m} \end{bmatrix}_{n_k m} \tag{5}$$

4. 确定方案的隶属度

设 G_k 系统的优等方案为 $a = (a_1, a_2, \cdots, a_{n_k})^T$ （6）

其中：$a_t = \bigvee\limits_{i=1k}^{m} r_{ti}, (t = 1, 2, \cdots, n_k)$

G_k 系统的劣等方案为 $b = (b_1, b_2, \cdots, b_{n_k})^T$ $\qquad$ (7)

其中: $b_t = \bigwedge\limits_{i=1k}^{m} r_{ti}$, $(t = 1, 2, \cdots, n_k)$

系统中每一个方案分别以一定的隶属度从属于优等方案与劣等方案,用模糊矩阵 $G_{2 \times m}$ 表示:

$$G_{2 \times m} = \begin{bmatrix} g_{11} & g_{12} & \cdots & g_{1m} \\ g_{21} & g_{22} & \cdots & g_{2m} \end{bmatrix}_{2 \times m} \qquad (8)$$

满足以下约束条件:

$$\left. \begin{array}{l} 0 \leqslant g_{ui} \leqslant 1, (i = 1, 2, \cdots, m) \\ \sum\limits_{u=1}^{2} = 1, (i = 1, 2, \cdots, m) \\ 0 \leqslant \sum\limits_{i=1}^{m} = m, (u = 1, 2) \end{array} \right\} \qquad (9)$$

其中, g_{ui} 表示第 i 个方案隶属于优等方案(当 $\mu = 1$)或劣等方案(当 $\mu = 2$)的隶属度。

5. 按单目标计算方案隶属于优等矩阵的最优值

取 $\omega = (\omega_1, \omega_2, \cdots, \omega_{n_k})^T$, 表示第 k 个二级指标集 G_k 中 n_k 个评价指标的权向量, 且有 $\sum\limits_{t=1}^{n_k} \omega_t = 1$,

称 $\| \omega \cdot (r_i - a) \| = \left\{ \sum\limits_{t=1}^{n_k} [\omega_t \cdot (r_{ti} - a_t)]^p \right\}^{\frac{1}{p}}$, $(p \geqslant 1; i = 1, 2, \cdots, m)$

$\qquad$ (10)

为广义优距离;

称 $\| \omega \cdot (r_i - b) \| = \left\{ \sum\limits_{t=1}^{n_k} [\omega_t \cdot (r_{ti} - b_t)]^p \right\}^{\frac{1}{p}}$, $(p \geqslant 1; i = 1, 2, \cdots, m)$

$\qquad$ (11)

为广义劣距离;

称 $D(r_i, a) = g_{1i} \cdot \| \omega \cdot (r_i - a) \|$, $\quad (i = 1, 2, \cdots, m)$ $\qquad$ (12)

为第 i 个方案的权广义优距离,

$D(r_i, b) = g_{21} \cdot \| \omega \cdot (r_i - b) \|$, $\quad (i = 1, 2, \cdots, m)$ $\qquad$ (13)

为第 i 个方案的权广义劣距离。

按 "m 个参与评价优选方案的权广义优距离平方与广义劣距离平方

之和最小"的优选原则,构造目标函数:

$$F(g_{1i}) = \sum_{i=1}^{m} \left[D^2(r_i,a) + D^2(r_i,b) \right] = \sum_{i=1}^{m} \left[g_{1i}^2 \cdot \| \omega \cdot (r_i - a) \|^2 + g_{2i}^2 \cdot \| \omega \cdot (r_i - b) \|^2 \right] \left. \right\}$$

$$F(g_{1i}^*) = \min_{u_{1i} \in [0,1]} \{F(u_{1i})\}, (i=1,2,\cdots,m)$$

$$(14)$$

令 $\dfrac{dF(u_{1i})}{d_k u_{1i}} = 0$,从而解得:

$$g_{1i}^* = \cfrac{1}{1 + \cfrac{\omega \cdot (r_i - a)^2}{\omega \cdot (r_i - b)^2}} \quad (i=1,2,\cdots,m)$$

将(10)、(11)代入上式,得到对于第 k 个二级指标集 G_k, m 个方案分别从属于该二级指标集的优等方案隶属度的最优值 g_{1i}^*。

$$g_{1i}^* = \cfrac{1}{1 + \left\{ \cfrac{\sum\limits_{t=1}^{n_k} \left[\omega_t \cdot (r_{ti} - a_t) \right]^2}{\sum\limits_{t=1}^{n_k} \left[\omega_t \cdot (r_{ti} - b_t) \right]^p} \right\}^{\frac{2}{p}}} \tag{15}$$

$(p \geqslant 1; \ k=1, 2, \cdots, l; \ i=1, 2, \cdots m)$

我们取 $p=2$,即欧式距离,则:

$$g_{1i}^* = \cfrac{1}{1 + \left\{ \cfrac{\sum\limits_{t=1}^{n_k} \left[\omega_t \cdot (r_{ti} - a_t) \right]^2}{\sum\limits_{t=1}^{n_k} \left[\omega_t \cdot (r_{ti} - b_t) \right]^2} \right\}} \quad (k=1,2,\cdots,l;1,2,\cdots,m) \tag{16}$$

通过上述计算得到的各二级指标集 G_k 的评价结果 g_{1i}^* 是进行高一层次模糊优劣评价的基础和依据,为简便起见,设 $g_{1i}^* = g_{ki}$。

6. 计算方案的综合优属度值

由前面的计算所得到的各二级指标集 G_k 的最优值 g_{ki} ($k=1, 2, \cdots,$ $l; \ i=1, 2, \cdots, m$),进一步计算得到高一层次系统的优属度矩阵:

$$G_{l \times m} = \begin{bmatrix} g_{11} & g_{12} & \cdots & g_{1m} \\ g_{21} & g_{22} & \cdots & g_{2m} \\ \vdots & \vdots & \vdots & \vdots \\ g_{l1} & g_{l2} & \cdots & g_{lm} \end{bmatrix} \tag{17}$$

7. 对 G 进行总体方案优选

与 G_k 最优值 g_{1i}^* 计算过程类似，每个方案从属于目标层系统优等方案的隶属度 d_{1i}（$i = 1, 2, \cdots, m$）的最优值为 d_{1i}^*。

则：
$$d_{li}^* = \cfrac{1}{1 + \left\{ \cfrac{\sum\limits_{t=1}^{l} [\omega_t \cdot (r_{ti} - A_t)]^2}{\sum\limits_{t=1}^{n_k} [\omega_t \cdot (r_{ti} - B_t)]^2} \right\}} \tag{18}$$

其中：$i = 1, 2, \cdots, m$,

$A = (A_1, A_2, \cdots, A_l)^T$,

$A_t = \bigvee\limits_{i=1}^{m} g_{ti}$, （$t = 1, 2, \cdots, l$）

$B = (B_1, B_2, \cdots, B_l)^T$,

$B_t = \bigwedge\limits_{i=1}^{m} g_{ti}$, （$t = 1, 2, \cdots, l$）

$\omega = (\omega_1, \omega_2, \cdots, \omega_l)$,满足 $\sum\limits_{t=1}^{l} \omega_t$

从而，可根据 d_{1i}^*（$i = 1, 2, \cdots, m$）的大小次序来确定 m 个方案的最终优选结果。对于人才政策综合评价效果而言，可根据 d_{1i}^*（$i = 1, 2, \cdots, m$）的大小来判断政策效果的好坏，并可比较 m 个年份中效果相对值，确定出最佳年份。

运用模糊优选模型对近几年上海市的人才政策进行模糊综合评价。在评价的基础上，分析比较近年来上海市人才政策实施效果，并结合评价结果，挖掘产生不同效果的深层次原因，发现目前政策体系中存在的问题，对上海市人才政策执行实施成效进行综合评价与分析。

附录 2　发表的相关论文

上海市人才政策体系改进与设计构想

张冬梅　罗瑾琏

摘要：本文认为，人才政策的改进在策略上应该着重于改善文化氛围、向所需产业高层次人才进行政策倾斜、完善人才生活配套保障以及提高城市的整体服务意识等方面。结合上海市人才政策的现状，本文提出，上海市人才政策的进一步发展与改进思路应主要体现在人才政策内容改进、人才政策管理改进以及体现"以人为本"的设计理念三个方面，并对这三个方面的内容进行了详细的阐述。

关键词：人才政策　上海市人才政策　政策体系改进　政策体系设计

21 世纪的竞争是人才的竞争，人才的培养与积聚成为产业是否升级的决定性因素，人才的获得成为在高科技战中获胜的法宝。打造上海市的人才高地，加强高素质人才资源的可持续供给，充分发挥人才资源的作用，是上海建成国际性大都市的关键。近年来，上海市不断推出新的人才政策，为人才成长提供了较为宽松的政策环境。但是由于社会和经济环境的变化，以及人才需求的多样性，上海市人才政策发展还有很大的完善空间。本文是基于研究课题中对上海市人才政策评价的结果以及在政策设计中需要进一步完善的地方，结合政策改进的原则，对上海市人才政策体系设计提出新的构想。

一　政策改进思路

通过人才政策评价课题中对上海市人才政策评价的结果，我们对上海市的人才政策状况有了系统的认识。上海市近几年的人才政策虽然在总体上取得了一定的成绩，但是也存在着一些问题需要改进和解决。我们认为，对于人才政策的改进，在策略上应该着重于改善文化氛围、向紧缺行业高层次人才进行政策倾斜、完善人才生活配套保障以及提高城市的整体服务意识等途径来实现。结合上海市人才政策的现状，课题组考虑对上海市人才政策的进一步发展与改进思路主要体现在人才政策内容改进、人才政策管理改进以及体现"以人为本"的设计理念三个方面。

（一）人才政策内容改进

（1）完善人才政策体系，保证政策的完整性。虽然目前上海市政策在各功能模块都有涉及，但对比各功能模块发现，不论在政策广度还是深度上，各个功能模块仍存在不均衡的问题。特别是在激励、保障和评价方面，人才政策体系急需完善。

（2）在保持一致性的基础上，实现人才政策的个体化差异。上海市人才政策不但要在功能上完善，还要在实施对象上更具针对性。毕竟不同类型的人才在需求、特点、规模以及紧缺程度上都有显著的差异性。政策若要服务于广大人才，让每一个人才受益，就要关注人才的差异性，在政策上体现这种差异性；同时，注重和谐，在保持一致性的基础上，实现人才政策的个体化差异。

（3）增强政策内容的实用性和可操作性。在我们的调研中，一个显著性的问题就是一些政策的实用性不强，操作性较差，导致很多初衷很好的政策没有收到预期的结果。这对政策本身是一种浪费，也不利于政府形象的树立，因此保证政策内容的实用性和可操作性应该引起政策制定部门的充分重视和考虑。

（4）注意政策的系统协调性，使有关法规和其他政策相互协调。上海市人才政策是整个人事政策的组成部分，也是上海市城市建设的一部分。人才政策作为其中的一部分必须与其他部门政策相协调。这样才能共同促进上海市发展。特别是在政策设计之初，应当广泛了解其他相关政策法规，使其能够互相促进，互为补充，构成一个协调有序的上海市政策法规体系。

（二）人才政策管理改进

（1）充分运用信息科技手段，建立相应政策宣传和实施操作平台，增大政策的宣传和推广力度，简化政策执行过程的手续，使相关人才政策的办理更加便捷。

（2）推动可持续的人才政策运营机制，加强政策的连贯性和动态性。在保证政策体系结构完整性的前提下，应该根据经济发展规划和预期，预测政策发展和制定的方向，将政策的制定与出台过程变被动为主动，以加强政策的连贯性。同时，定期对政策实施状况进行评估，并对时效性差的政策进行及时调整，以保证政策的动态性。

（3）保持政策的先进性，形成政策的比较优势，加强人才政策的吸引力，加强与兄弟城市甚至发达国家的人才政策比较研究，掌握效果良好的人才政策改革方向，对政策内容不断充实与完善，形成国内人才政策的比较优势，以更好地吸引城市发展所需的各类人才。

（三）完善"以人为本"的人才政策设计理念

1. 完善各种生活配套措施，强化人才的城市归属感

目前上海市生活成本较高，人们在缺乏相关的生活配套的情况下，生活的幸福指数降低。同时，大部分人才被引进后并没有享受到真正的市民待遇，人才缺乏城市归属感。

2. 进一步完善人才保障措施，完善人才政策制度保障

当前人才政策体系中问题比较集中的政策就是居住证政策。实际上对该政策的需求归根结底是对于人才保障的需求，从紧的居住证政策在一定程度上就是从紧的人才引进政策。户籍问题的限制在一定程度上将所需要的人才拒之门外。先前政策遗留问题不能作为当前政策限制的借口，政府应该真正从当前存在的问题出发，找出解决问题的思路和方案。

同时不可忽视的一个方面是人的生存成本。目前上海房价飞涨，给各类人才带来了前所未有的生活压力，政府在对低收入群体加大保护的同时，对引进的人才也应该考虑出台类似的保障政策。如由单位或政府给予政策偏斜，在一定期限内分配"廉租房"或"人才房"等过渡性房源，实现平稳过渡，保证人才的稳定性。

3. 对于引进的人才，建立反馈机制，增强被引进人才的后期管理

目前上海市在人才工作中的重点之一是人才的引进，而在被引进人才的后期管理却相对缺乏。而只有充分挖掘现有人才的潜能才能够更好地发挥人才效能，满足城市经济发展需要。

二　新政策体系设计构思

（一）政策设计原则

针对上海市人才政策中尚存在的问题，本文确定了新政策设计的原则主要包括以下几个：（1）人才整体战略需求与人才个体发展需求相结合的原则；（2）顶尖人才开发与潜在人才开发相权衡的原则；（3）阶段性重点政策与持续性系统政策相匹配的原则；（4）政策执行的动态性与稳定性相协调的原则。

（二）新人才政策体系设计构想

为保证政策的系统性与科学性，兼顾人才政策工作的实际应用性，在新政策设计中，我们认为，上海市新人才政策进行规划与设计应从人才政策体系总体框架规划、人才政策内容以及人才政策管理等三个设计要素入手。

1. 人才政策体系总体框架规划

人才政策体系应该是一个完整的政策系统。在实际工作中，不仅要根据当前工作的需要安排实施相关政策，也要对人才政策进行总体框架规划设计，以保证人才政策的系统性、完整性和动态性。因此，政策总体框架规划是人才政策设计的必要要素之一。在政策制定过程中，应该在分析目前上海市人才政策现状的基础上，结合公共政策系统性的特点，对上海市人才政策进行总体框架的规划。

对于人才政策系统而言，既要保证政策体系的系统性与完整性要求，又要坚持政策的实用性和可操作性。因此，我们建议，对于整个人才政策体系框架而言，需要将人才政策体系进行职能划分。从人才政策系统功能上讲，可以将其划分为三个职能模块：政策预测与评估管理模块、政策实施与执行管理模块以及政策内容设计模块。

其中，人才政策预测与评估管理模块的主要功能是：对人才政策发展趋势进行预测；完成政策需求论证；对已经实施的政策进行过程评估与后效评估；提供新政策补充序列等。

人才政策实施与执行管理模块的主要功能是：负责人才政策的推广与宣传；有效传达人才政策的思路与重点；解决政策执行过程中的问题；收集政策实施后的信息反馈，发现政策需要改进的地方；实施政策过程控制等。

人才政策内容设计模块的主要功能是：进行新政策设计论证；完成新

政策内容设计；结合实施政策效果对政策改进与完善等。

通过人才政策体系总体规划，可以将人事人才工作进一步细化，同时明确各模块执行人员的职能，进而加强和规范人才政策管理。

2. 人才政策内容模块

为保证政策体系的完整性与系统性，本文将上海市人才政策从内容上分划分为六个模块：人才引进政策、人才使用政策、人才培养政策、人才评价政策、人才激励政策和人才保障政策。在内容设计上，从这六个模块进行统筹与平衡，防止政策偏颇与缺失。同时，针对六个模块结合政策评价的结果和政策改进思路，针对存在的问题，寻找各政策模块的缺口对其政策模块内容进行补充与修订。

从课题中针对个体的问卷调查中我们获知，目前的人才政策体系并不完善，某些人才政策大类中缺乏相关的人才政策，导致了一些人才政策的缺失。因此，可以根据对上海人才政策六大类别的划分，作为基本模块对其相应的内容进行补充和调整。

在这六大类政策模块中，人才引进政策与人才培养政策是对上海市人才战略发展有重要作用的政策模块，它们对人才增长效应的提高具有显著效果；人才引进政策与人才保障政策是有效吸引外来人才，发挥人才集聚效应的重点政策模块；而人才使用政策、人才评价政策与人才激励政策是提高现有人才效能的重要政策模块，也是目前需要重点加强的政策模块，在以后的政策设计中应该对这三部分政策进行补充和完善。

3. 人才政策管理

任何政策的实施与执行都需要有效的管理措施来保证其执行效果。因此，在对政策管理中，必须对政策制定、实施、执行、控制以及评估各环节进行有效管理，才能够真正地发挥人才政策的作用，以达到充分挖掘人才效能、实现人才对经济发展的推动作用。

从人才政策实施效果定量评价和对个体受众调查情况来看，目前上海市对于人才政策管理还有一定的提升空间。因此，在对人才政策内容进行改进与完善的同时，也应该加强对人才政策的管理，提高人才政策实施与执行的成效，以达到人才政策宏观调控的目的。针对目前人才政策系统管理中存在的问题，课题组认为应该在保证人才政策内容平衡与完整的基础上，进一步规范政策出台流程，进而提高政策实施执行成效。

政策的出台应该遵循一定的流程，以保障政策的顺利实施以及实施效果。笔者认为，人才政策的出台一般应遵循以下流程：

通过规范政策前期准备（政策预测、政策调研、政策可行性论证、政策内容设计）、政策实施过程管理（政策宣传、政策实施、政策执行）以及政策后期管理（政策执行效果评价、信息反馈、政策调整）等政策系统中的三大流程环节的有效实施，同时将政策过程控制纳入政策实施过程，可以提高政策的可行性和可操作性，增强政策实效，进而达到人才政策实施的目的。

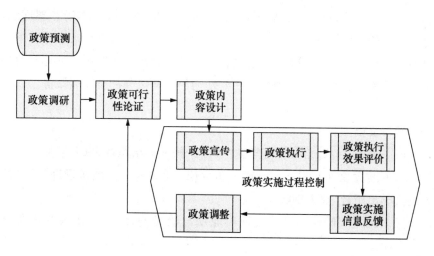

图1　人才政策出台流程图

另外，从课题研究中的政策评价结果得知，目前在政策实施过程中突出的问题在于政策的宣传、动态性和连贯性。因此，在政策实施中应该提高这方面的管理水平。具体来讲主要体现在以下内容上：

（1）政策宣传：对于政策宣传，其主要问题是宣传途径单一，政策覆盖程度不够，或者说没有很好地考虑人才个体了解人才政策途径的渠道偏好。因此，在利用原有宣传途径的基础上，充分利用电视、互联网、手机短信等媒体形式，按照人才政策不同的内容模块，定期对各种人才政策进行公布与宣传。对于一些热点与重点政策，要在宣传的同时加强对政策执行过程的指导，解决人才在政策办理中的内容含糊、手续烦琐、周期长、享受成本高等感受。

（2）政策实施的动态性与连贯性：对于政策实施的动态性与连贯性，则可以通过对出台流程的规范来保障。政策预测与调研能够避免人才政策制定的盲目性，增强政策的前瞻性与实用性；政策执行效果评价和信息反馈可以进一步考察政策的执行效果，及时修正或废除不当或过时的人才政策，以保持政策的连贯性。而就整个流程而言，人才政策的实施是一个动态的、持续推进的过程。

三 结束语

人才政策的实施不仅要考虑其经济效益，更应该考虑其社会效应。上海市目前的人才结构更是对人才政策的制定、执行和反馈提出了较高的要求，人才政策不仅要保证其科学性，也要充分体现以人为本的管理理念。我们根据研究课题中对于人才评价结果的分析，提出了上海市人才政策体系改进的措施。通过三个方面的改善，以期使新政策能够更好地体现对各类人才的管理，增强人才效能，更好地为经济建设与社会发展服务。

参考文献

[1] 陈振明：《公共管理学》，中国人民大学出版社 2003 年版。

[2] 史蒂文·科恩、罗纳德·布兰德：《政府全面质量管理》，中国人民大学出版社 2002 年版。

[3] 阿里·哈拉契米：《政府业绩与质量测评》，中山大学出版社 2003 年版。

[4] 郭巍青：《政策制定的方法论：理性主义与反理性主义》，《中山大学学报》（社会科学版）2003 年第 2 期。

[5] 孙富强等：《国内高层次人才开发政策分析》，《经济与管理》2003 年第 11 期。

[6] 包亚宁等：《人才政策的问题与对策》，《新东方》2003 年第 12 期。

上海市人才政策回顾分析

张冬梅 罗瑾琏

摘要：本文提出主要的人才政策包括人才队伍建设政策、人才流动与人才市场政策、培训与继续教育政策以及人才评价等四大政策类型，并结合上海市人才政策实施情况，对近年来上海市实施的各类人才政策进行了回顾与系统分析，对上海市人才政策实施状况进行了归纳总结。

关键词：人才政策　上海市人才政策　政策体系　政策分析

　　进入新世纪，适应世界经济一体化的潮流和我国加入 WTO 的新形势，上海市提出建设国际人才高地的新的人才战略，并进行了长期规划。提出在 2011—2015 年的五年规划中，基本建成上海国际人才高地。根据这一目标要求，上海市进一步加强人事人才工作，取得了一定的成效。各类人才队伍建设取得了新进展，人才工作基础性建设得到了进一步加强。在人才政策体系中，主要的人才政策有人才队伍建设政策、人才流动与人才市场政策、培训与继续教育政策以及人才评价等四大类。本文将就 2000 年以后上海市实施的主要人才政策进行回顾分析。

一　人才队伍建设政策

　　上海市人才队伍是由党政人才、专业技术人才、企业经营管理人才、高技能人才、农村人才、国外人才等人才群体组成。根据上海市构建国际人才高地的战略部署和人才工作重点，其中的党政人才、专业技术人才、企业人才、高技能人才和国外人才是上海市人才队伍建设的主体。有关人才队伍建设的政策既有综合性的政策，也有针对性较强的政策。

（一）党政人才

　　我国改革与发展的形势，对干部人事制度改革提出了迫切要求。为了进一步加强党政人才队伍建设，近年来从中央到地方各级政府在干部人事制度改革上都做出了积极的尝试，并取得了较好的效果。废除了领导干部职务终身制，建立了公务员制度。党政人才队伍不仅从数量上得到了补充，更是在人才素质上有了很大的提高。

　　2005 年上海全市党政人才队伍总量为 12.42 万人。其中，上海市机关党政人才队伍总量为 11.17 万人，大专及以上学历的为 9.2 万人，占 82.36%，比上年增加 2.91 个百分点，比上年 8.74 万人增长 5.26%；社区、村有党政人才 0.83 万人；国务院各部在沪单位有党政人才 0.42 万人。人才队伍素质逐年提高，并逐步实现人才队伍向年轻化的转变。

（二）专业技术人才

　　为了建设一支高质量的专业技术人才队伍，上海市有关部门先后出台了大量专业技术人员管理方面的政策，这些政策可分为以下几类：综合类

（事业单位、人才交流）、职称类（专业技术职务聘任制度、专业技术资格考试制度和专业技术人员执业资格制度）、专家类（政府特殊津贴、专家学术休假制度有关文件、百千万人才工程有关文件、人才发展基金有关文件、专家库有关文件、表彰工作有关文件）、博士后类（国家学术交流、博士后创新实践基地）、继续教育类和留学类（留学人员创业园、人才聚集工程）等。这些政策涉及人才开发与管理的各个角度，从而有效推动、保证了上海市专业技术人才队伍的建设。

全国人才会议召开后，上海市又陆续出台了一些旨在加强专业技术人才队伍建设的政策文件，如《上海市 2004 年高级工程师（教授级）资格评审工作的通知》（沪人【2004】101 号）等政策。同时，为了充分发挥人才对经济增长的作用，上海市提出了人才能力建设战略。具体讲包括两部分内容：一是建设一支高层次的专业人才队伍；二是最大限度地开发人力资源，建设一支高层次的技能人才队伍。目标要求到 2015 年左右，使上海高级技工和技师的比例接近发达国家的水平。

（三）企业经营管理人才

全国人才工作会议以后，《中共中央、国务院关于进一步加强人才工作的决定》（中发【2003】16 号）指出：以提高战略开拓能力和现代化经营管理水平为核心，加快培养造就一批熟悉国际国内市场、具有国际先进水平的优秀企业家。上海市的企业经营管理人才相关政策是依据此《决定》的要求和上海市人才发展战略部署需要进行的。

同时，为推进企业人才主体战略，倡导技术创新的主体是企业、专业技术人员的主体应在企业这一理念，使企业成为人才开发的主体，全面提高企业的核心竞争力和技术创新能力，上海市在企业人力资源开发中实行了三大转变。即：一是实行人事工作地位的转变，强调人事部门的战略地位，一把手亲自抓第一资源；二是实行人事工作观念的转变，强调人才的价值观念，加大对人才的激励；三是实行人事工作方法的转变，强调人才资源的开发与管理，要求从人才规划、人才招聘、职位设置、薪酬福利、绩效考核、培训开发等方面，全方位进行人才的开发与管理。企业经营管理人才队伍建设取得了良好的成效。

（四）高技能人才

高技能人才是我国技术工人队伍的骨干，是推动技术创新和实现科技成果转化不可缺少的重要力量。为了大力加强高技能人才队伍的建设，上海市人事局等有关部门陆续制定实施了一系列的政策。如：推行职业资格证书制度，开展技师、高级技师评聘考核。职业资格证书作为劳动者职业能力水平的鉴定书和市场就业的通行证，已经得到广大用人单位和劳动者的认可。同时，通过多种方式拓宽高技能人才的成长通道，特别为帮助青年技能人才尽快成长提供环境和平台。

上海市提出，重点要引进与开发高层次人才、复合型人才、高级技能型实用人才。特别是十大类人才，即世博人才、信息产业人才、现代制造业人才、金融保险人才、城市发展人才、现代服务与贸易人才、现代农业人才、高级技工类人才、投资类人才和职业经理人。并每年发布人才开发目录，提出每年引进数量。突出了"人才主峰"建设，重点抓好紧缺人才和高技能人才的引进与开发工作。

上海从2003年起实施了为期三年的"技能振兴计划"，到2005年底，全市高技能人才占技术性从业人员的比重已从2002年底的6.2%提高到14.98%。拥有两院院士165人；国家有突出贡献的中青年专家340人；享受国务院特殊津贴的9200余人；入选国家级"百千万人才工程"170余人；入选中科学院"百人计划"183人；入选"长江学者奖励计划"106人；973项目首席科学家33人，高层次人才队伍稳定增长。高技能人才队伍发展得到进一步提升。

（五）国外人才

在全球一体化的大趋势、大背景下，我国人才开发行为日趋国际化，政策支持力度也逐步加大，留学生、华人、国外人才在国内有了越来越广阔的发展空间。上海市早在1992年就加强了海外人才的引进工作，在《上海市鼓励出国留学人员来上海工作的若干规定》（沪府发【1992】23号）、《上海市引进海外高层次留学人员若干规定》（沪府发【1997】14号）等政策中给出了很多优惠政策以吸引和鼓励出国留学人员来沪工作和创业。另外，在引进国外人才方面，上海市也出台了一些相关的政策用以吸引国外专家人才。

2001年以来，上海市结合自身发展的需要，又陆续出台了一些有关国外人才方面的政策。如：为了有效缓解上海市软件和集成电路设计人才紧缺的矛盾，提升上海市软件和集成电路设计技术水平，上海市制定了《上海市海外留学人员来沪创办软件和集成电路设计企业创新资助专项资金管理暂行办法》（沪信息办法【2002】80号）。另外，《中共上海市委组织部、上海市人事局关于本市实施"万名海外留学人才集聚工程"的意见》（沪人【2003】123 号）、《上海市人民政府关于印发〈鼓励留学人员来上海工作和创业的若干规定〉的通知》等政策也对上海市引进国外人才、改善上海市人才结构起到了积极的作用。

在上海市委、市政府和各个相关部门的努力下，上海已经成为留学人员回归的主要选择地，引进国外人才工作取得了明显成效。到 2003 年，在上海工作和生活的留学归国人员已经有 5 万余名，在全国 16 万留学归国人员中占了近三分之一。其中在国有部门工作的约有 3.2 万人，有 2600 人创办了自己的企业，还有 1 万人在外资企业担任技术和管理工作。对于这些留学人员来说，上海凭借其在国内的独特优势而成为他们追求个人发展的舞台。

二　人才流动与人才市场政策

上海是国内人才市场较早进行了改革的城市。为了进一步开拓国际、国内两个市场和资源，上海市提出了推进人才市场化配置的战略。为有效实施人才市场化配置战略，完善人才市场建设，近年来，上海市出台了一系列有关人才流动和人才市场政策。

（一）人才流动状况

2000 年颁布的《关于促进本市卫生系统人才流动若干问题的意见》（沪人【2000】28 号）指出，对未聘人员实行委托管理，对新进人员实行人事代理制，以建立新型的用人机制，深化卫生事业单位人事制度改革；同时，《意见》还提出，建立上海市卫生人才专业市场，整体盘活卫生人才资源。而《上海市利用计算机公众信息网络从事人才交流服务管理办法》（沪信息办【2000】28 号）对当时规范利用计算机公众信息网络从事人才交流服务的活动，维护人才交流当事人的合法权益，促进人才交流服务和计算机公众信息服务的健康发展起到了重要作用。

2004 年，人事部印发了《关于加快发展人才市场的意见》的通知（国人部发【2004】12 号），为加快发展人才市场提出了一些有针对性的意见。全国人才市场管理座谈会明确了人才市场管理和发展思路。上海市也制定了相关的促进人才流动、消除体制性障碍的政策。如推行人才居住证和暂住证制度，为引进人才开辟了"绿色通道"；在长三角地区建立了人才开发合作机制，在一定程度上形成了区域人才开发一体化的趋势；同时，采取多种措施，提高人才市场的开放程度。上海市相关政策的实施为人才流动提供了重要保障。

（二）人才市场中介

为进一步完善人才市场，规范市场准入，上海市加强了对人才中介机构的管理，并在国内率先推出了人才中介职业资格制度。从 2001 年开始，上海市人事局每年都要对人才中介（交流）服务机构进行检验，同时进一步加强对中介机构和中介人员的规范和管理。实施了一系列人才中介机构和中介人才的管理政策。如《关于本市设立中外合资或合作人才中介公司程序的通知》（沪外资委批字【2002】第 0276 号）、《关于人才中介服务企业设立分支机构有关事项的通知》（沪人［2005］203 号）、《上海市人才中介服务机构管理暂行办法》（沪人［2006］108 号）等政策。

2005 年，上海市有人才中介服务机构 509 家，其中国有企业 31 家；事业单位 23 家；民营机构 433 家；中外合资机构 22 家。各人才中介服务机构在人才咨询、人才推荐、人才培训、人事外包、人才派遣等业务领域不断拓展，市场服务功能进一步提升。全年共举办各种类型的招聘会 1062 场，进场招聘单位达 48801 家，参会的求职人员达 3602917 人，达成意向协议人数为 498951。另外，网络招聘服务又有发展，互联网人才信息站点数已达 405 个，举办网上交流会 55 场，全年访问人才信息网站的点击数达到 8.8 亿多次。

三　培训与继续教育政策

（一）培训政策

培训作为开发人力资源的重要途径，日益成为各个领域的关注对象。上海市在人才培训上做了积极探索，并出台了有关政策加强各类人才的培训工作。如，随着我国加入 WTO，为进一步适应我国"入世"后面临的新形势新任务的要求，上海市在各级人员中颁布实施各种 WTO 基本知识培训的政策等培训安排，增强了各级人才"入世"后实战应对能力，为适应全球多边贸易体制的运行机制提供了保证。

近几年来，上海市在人才培训工作上的重点在对公务员的培训上。有关的培训政策主要有：《关于在本市干部中开展创新创造能力开发培训的通知》（沪委组【2002】657 号）、《关于在本市国家公务员中开展职业英语培训的通知》（沪人【2003】175 号）、《关于在本市国家公务员中开展行政许可法培训的通知》（沪人【2004】21 号）等等。而对于其他人才的培训工作则主要是通过人才市场、多层次的教育培训网络、营造竞争氛围强化自我学习以及企事业单位内部培训等方式来自行调节、综合运用社会的学习资源、文化资源和教育资源，发展成人教育，进一步完善教育体系；继续做好选派各类人才出国（境）培训工作；强化用人单位在人才培训中的主体地位，鼓励在职自学，逐步完善带薪学习制度。

围绕现代服务业、先进制造业等领域人才需求，上海市积极开展紧缺人才培训。在 2005 年共实施紧缺人才培训项目 137 个，参加紧缺人才培训项目考核的人数达到 35.63 万，其中多媒体应用培训考核合格率为 70%；集成电路设计合格率为 86%；纳米技术考核合格率为 90%。截至 2005 年底，全市参加各类紧缺人才培训项目的人数累计超过 500 万人次，发证人数达 175 万多人，社会影响面最大的市民通用外语和计算机应用能力考核累计已超过 325 万人次。

目前，上海市培训市场已经初具规模，各类培训机构纷纷涌现，培训内容涉及一般技能、特殊技能、国内外认证以及上海市根据自身城市发展战略的需要创建的属于自身特色的教育培训项目，基本满足了社会各行业、各层次的需求，培训模式已走过了完全由政府的指令性计划向指导性管理模式的转变。

（二）继续教育政策

继续教育是加强人才队伍建设、提高专业技术人才素质的重要途径。通过了解近几年的继续教育政策，可以看出，上海市有关的继续教育政策很大程度上是对国家继续教育政策的贯彻执行，因此，需要对近几年国家继续教育做进一步研究。纵观近几年国家和上海市出台的继续教育政策，代表性的主要政策有：

1999 年的《面向 21 世纪教育振兴行动计划》和《中共中央、国务院关于深化教育改革全面推进素质教育的决定》，对终身教育的概念做了全面深入的阐述。

2002 年 11 月，党的十六大报告中强调要"加强职业教育和培训，发展继续教育，构建终身教育体系"。上海市民政局、上海市人事局于 2002 年 11 月 9 日出台了《关于本市民政系统实行继续教育制度的通知》（沪民组人发【2002】101 号），实施对象为上海市、区（县）民政局（社团局）机关公务员及其所属企事业单位的管理人员和专业技术人员，旨在提高民政部门人员业务素质，提供民政人才智力支持。同年 11 月 15 日上海市人事局向各区（县）人事局、委、办、局干部（人事）处转发了人事部印发的《2003～2005 年全国专业技术人员继续教育规划纲要》文件，并要求各级部门根据自身专业技术人员队伍现状和继续教育工作的实际开展工作。

2004 年，中共上海市委组织部、上海市人事局出台了《关于在本市公务员中开展 MPA 核心课程培训的通知》（沪人【2004】73 号），同时转发了人事部《关于公务员在职攻读公共管理硕士（MPA）专业学位有关问题的通知》（沪人【2004】113 号），都是对公务员继续教育的有关文件，为提高公务员整体素质起到了一定的积极作用。

2005 年，上海市党政机关中经组织人事部门同意参加脱产培训的达到 10.54 万人次，其中学习专业知识的 3.97 万人次，更新知识的 3.78 万人次，学习政治理论的 2.4 万人次，学历、学位教育的 0.38 万人次。国有企事业单位参加培训的经营管理人才和专业技术人才达 84.98 万人次，其中学历、学位教育的 9.44 万人次。继续教育政策起到了良好的效果。

四　人才评价政策

2000 年以来，我国进一步完善人才评价政策体制，并先后出台相关的政策加强人才评价工作的有效性。上海市在人才评价方面的政策主要是坚持国家关于人才政策评价的做法，提出了人才评价的相关理念，自身关于人才评价的相关政策并没有太多涉及。

《2002～2005 年全国人才队伍建设规划纲要》对各类人才的评价提出了要求，纲要对党政领导人才、企业经营管理人才以及专业技术人才等人才类型的评价提出了各自的评价标准和要求。《中共中央、国务院关于进一步加强人才工作的决定》（中发【2003】16 号）则更加明确地提出，要"建立以能力和业绩为导向、科学的社会化的人才评价机制"、"建立以业绩为依据，由品德、知识、能力等要素构成的各类人才评价指标体系"、"完善人才评价手段，大力开发应用现代人才测评技术，努力提高人才评价的科学水平"。

全国人才工作会议召开和《中共中央、国务院关于进一步加强人才工作的决定》颁布后，从 2004 年初开始，中央人才工作协调小组与人事部会同国家统计局、劳动和社会保障部、农业部、国资委等部门，研究制定了《全国人才资源统计指标体系及统计调查实施方案》。该方案全国人才资源统计指标体系总体上包括总量、分布、结构、流动、培养、使用和奖惩等 7 大指标。在 7 大指标项中，结合各个类别人才的特点，设置了各具特色的统计指标。新的人才评价标准出台后，推动我国人才评价体系的逐步完善，也使我国人才的评价标准更加具有国际可比性。

近年来，上海市在国家相关政策的引导下，努力完善人才评价体系。在评价人才的标准方面，目前的趋势是走向坚持"四不唯"（不唯学历、不唯职称、不唯资历、不唯身份），把能力、业绩、品德作为判断人才的主要标准。上海地区也在积极探索各类人才的评价标准，并努力建立相应的评价体系。在建立人才评价体系的同时，上海市还打造了各类人才专家人才库，鼓励高层次人才、紧缺人才来沪工作，在一定程度上减少了一般性人才的引进。

五 结束语

通过对上海市主要人才政策的分析，我们可以看出，上海市各项人才政策的实施取得了一定的成效，达到了良好的人才集聚效果。其中，人才队伍建设政策、人才流动与人才市场政策、培训与继续教育政策等三类政策的实施效果较为显著；而人才评价政策主要是采用国家对于人才评价的理念进行评价管理，尚没有较好的评价标准与体系，有待进一步加强。

The Evaluation of Effectiveness of talents Policy Based on Fuzzy Optimization Methodology

Zhang Dongmei, Luo Jinlian, Bai Junhong

Abstract: Taking talents policy of Shanghai government for example and basing on analysis of research of policy affectees, we setup index structure of three dimensions. These three dimensions are talent increase, talent centralization and talent efficiency. We measured talents policy of Shanghai from year 2001 to 2006 with Fuzzy Optimization Methodology Model. The effect of talent policy, trend characteristic and efficiency were analyzed to draw a conclusion. The study demonstrated that the effect of talents policy shows instantaneous and deferred characteristics. The talent policy can facilitate the talent strategic target. Though talent policy of Shanghai has good effect, there are still some which should be improved on the policy structure and management.

Keywords: Talents policy; Evaluation of Talents policy; Fuzzy Optimization Methodology, Relative Membership Degree

I Introduction

Policy is a kind of government management and bridge between policy target and result[1]. Public policy become more and more important. So it is valued more by government and people. Policy evaluation facilitate improvement of policy, efficiency and reform[2]. Evaluating public policy, inquiring the reason of low – efficiency policy and studying how to increase efficiency of public policy are important content of public policy study.

There are less research of public policy evaluation. Most of the research concentrated on the result of talents policy and without numberic analysis. We tood talents policy of Shanghai government for example, analyzed the talents policy from 2001 to 2006 with fuzzy optimization methodology. By considerring the result, we analyzed the effect, trend and efficiency of talents policy to draw conclusion. At last, we brought forward suggestion. The research broadened the field of talents policy evaluation. It can be reference and improvement of talents policy evaluation with numberic methodology.

II　Document Retrospect

Modern policy evaluation developed from simple evaluation, social evaluation to integration evaluation. It experienced 2 phazes: positivism evaluation and post – positivism evaluation. The early policy evaluation emphasized on technology and actuality. It studied relation between policy target and policy result so evaluated the effect of policy. Cause the researcher separated the actuality and value, this methodology was doubted by many researchers. Willian Dunn (1994) believed if the evaluation equaled researcher's value criteria and social value criteria, the evaluation is still fake evaluation even if complicated numberic methodology was utilized[3]. Post – positivism evaluation researcher connected actuality and value with non – numberic methodology. It has better designization. It connected unique personal behavior with value. After middle of 1970s, policy evaluation changed relying on numberic methodology and building models to emphasizing value analysis[4]. The methodology valued recognization and hermeneutic to evaluate policy.

In western evaluation, there are a lot of methodologies. Stake (1983) put forward responsive evaluation model. He thought policy evaluation should be guided by policy operation rather than policy target. The evaluation should also meet people requirement[5]. Rossi and Freeman (1993) put forward implement evaluation model[6]. It focused on the ways of policy and check all of elements which affects the final results. Result evaluation is evaluating the final result. That is setting evaluation index first. And then evaluating result with some criteria. In many evaluation models, Vedung E's is outstanding. He summarized 10 models which are efficiency model, economic model and professioanl model, etc[7-8].

Talents policy belongs to public policy. The related evaluation is not sufficient. At present, in our country, evaluation research are mostly focus on the problems and suggestion on the policy[9-10]. There is less numberic analysis.

III　Data source and explanation

We took talents policy of Shanghai government as example and research policy result and effect in recent years. We built up index structure with talents increase, talents centralization and talents efficiency. The evaluation selected relative index only. Some of index were calculated by absolute index. Base data's achievement mainly from relative department. The index are shown below.

TABLE I.   **Index of effect of Shanghai talents policy from 2001 to 2006**

Dimension	Index	2001	2002	2003	2004	2005	2006
Talents Increase G1	Ratio between Doctor and Master (%)	0.1	0.1	0.1	0.2	0.2	0.2
	Ratio of S&D People (%)	2.0	1.9	1.9	2.2	2.3	2.3
	Increase ratio of people (‰)	6.9	8.3	8.4	8.3	7.0	6.9
Talents Centralization G2	Ratio of Technology talents (%)	10.8	10.1	9.7	9.0	8.7	8.5
	Ratio of talents in 3rd industry (%)	47.2	48.8	51.9	54.2	55.6	56.7
	Ratio of finance (%)	2.6	5.2	5.7	5.4	5.5	5.6
Talents Efficinet G3	Ratio of S&D improvement (%)	51.0	53.1	54.4	56.2	57.6	59.5
	Contribution of High – tech (%)	17.7	18.5	21.8	23.5	25.1	24.4
	Ratio of talents granted (%)	42.0	33.5	74.5	51.9	38.5	46.1

Data source: annual of shanghai statistics, annual of shanghai science and technology, website of shanghai department of human resources.

IV Positivism model and evaluation analysis

A. Building up model

To analyzing talents policy effect, we built up evaluation model. Utilizing index to evaluate the result of talents policy. We evaluated talents policy of shanghai from 2001 to 2006 with fuzzy optimization methodology.

* Scenarios structure: Several scenarios (i = 1, 2, ···, m) constitute scenarios structure

* Index structure: Some independent elements constitute index structure

The first level index struture is G = (G1, G2, G3) (talents increase, talents centralization and talents efficiency). The second level index structure are talents increase G1 (Ratio between Doctor and Master, Ratio of S&D People and Increase ratio of people), talents centralization G2 (Ratio of Technology talents, Ratio of talents in 3rd industry and Ratio of finance) and talents efficiency G3 (Ratio of S&D improvement, Contribution of High – tech and Ratio of talents granted)

● Selection result: By building up matrix, making sure scenarios relative membership degree, we calculated every second level index Gk's best value. And further achieved higher level matrix. At last we calculated the final result.

$$d_{li}^* = \cfrac{1}{1 + \left\{ \cfrac{\sum\limits_{t=1}^{l} [\omega_t \cdot (r_{ti} - A_t)]^2}{\sum\limits_{t=1}^{n_k} [\omega_t \cdot (r_{ti} - B_t)]^2} \right\}} \qquad (1)$$

$i = 1, 2, \cdots, m,$

$A = (A_1, A_2, \cdots, A_l)^T,$

$A_t = \bigvee\limits_{i=1}^{m} g_{ti}, \ (t = 1, 2, \cdots, l),$

$B = (B_1, B_2, \cdots, B_l)^T,$

$B_t = \bigwedge\limits_{i=1}^{m} g_{ti}, \ (t = 1, 2, \cdots, l) \qquad \omega = (\omega_1, \omega_2, \cdots, \omega_l), \ \sum\limits_{t=1}^{l} \omega_t$

According to the result to justify the effect of talents policy. The greater value represents the better result.

B. The result analysis

According to index structure of talents policy evaluation and index value, we can calculated the best value of talents increase, talents centralization and talents efficiency.

The second level evaluation shows the talents policy from 2001 to 2006 results as below:

Evey level index affected the final result. So how to put value for each index is important. As of the value of each index, we usually consulting expert or using level analysis. But these method are lack of numberic analysis to some extent. So we try to analyze in another way. We can easily find and solve the problems. The final results are show in the table 2 below.

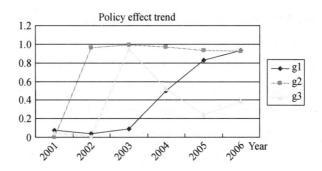

Figure 1.　Trend of first level index of talents policy from 2001 to 2006

TABLE II.　The first level index value result from 2001 to 2006

d_{1i}^{*}	$\omega = (\omega_1, \omega_2, \omega_3)$	2001	2002	2003	2004	2005	2006
1	(0.4, 0.3, 0.3)	0.0006	0.2144	0.5442	0.7535	0.7942	0.8828
2	(0.5, 0.3, 0.2)	0.0002	0.1876	0.3498	0.7486	0.9140	0.9570
3	(0.5, 0.2, 0.3)	0.0005	0.0805	0.3632	0.6823	0.8158	0.9017
4	(0.3, 0.5, 0.2)	0.0002	0.5870	0.7632	0.8999	0.9152	0.9494
5	(0.3, 0.4, 0.3)	0.0006	0.3974	0.7422	0.8319	0.7919	0.8734
6	(0.2, 0.5, 0.3)	0.0005	0.5868	0.8966	0.8946	0.8132	0.8804
7	(0.3, 0.3, 0.4)	0.0011	0.2111	0.7503	0.7427	0.6221	0.7627
8	(0.3, 0.2, 0.5)	0.0015	0.0805	0.7826	0.6600	0.4551	0.6441
9	(0.2, 0.3, 0.5)	0.0015	0.1874	0.9031	0.7215	0.4503	0.6249

We analyzed talents policy evaluation by the index structure mentioned a-bove. The result reflected 4 characteristics of talents policy of Shanghai. They are:

Effect of talents policy was improved. From the result of evaluation, index of 2001 and 2002 have lower relative membership degree. But the result from 2003 to 2006 shows the improvement (more than 0.3) of the relative member-ship degree.

Talents centralization is outstanding. By calculating the first 3 groups, from 2001 to 2006, the effect of talents centralization by talents policy are outstanding. From 2000, the conducted talents centralization policy brought more and more talents to shanghai.

The effect of talents policy shows instantaneous and deferred characteristics according to the result of evaluation about centralization dimensionality. To eliminate the liability of talents increase and talents efficiency, the result of evaluation shows wave trend. The important talents policies were most come into being from 2003 to 2005. But we have best effect of talents centralization from 2004 to 2006. This shows that there is defered characteristics between the policy and effect. The defered period is about 1 or 2 years. The related policy centralization shows instananeous characteristics of talents centralization.

Talents efficiency decreased to some extent. By analyzing the last 3 groups, we can see though talents efficiency improved to some extent, in year 2005 and 2006 talents efficiency decreased.

References

[1] Zhang Qiuli, Song Xicun, "Research of front problems related with public policy practices of our country", "Theory Research", 2006, Vol. 4, pp. 139 – 142.

[2] Du Cheng, "Thinking of Evaluation on Policy Conduction of Our Country", "Management review", 2004, Vol. 16 (10), pp. 51 – 57.

[3] Dunn, W. N., "Public Policy Analysis: An Introduction", 2nd Ed. Prentice Hall. New Jersy, 1994.

[4] Georghiou L., "Issues in the evaluation of innovation and technology policy". "Policy Evaluation in Innovation and Technology: toward Best Practices (OECD Proceedings)". OECD, 1997, pp. 19 – 33.

[5] Stake R. E., "Program Evaluation: Particular Responsive Evaluation" //Madaus G. F., et. al., "All Evaluation Models: View – points on Educational and Human Service Evaluation", Boston: Kluwer – Nijhoff Publishing, 1983, pp. 287 – 309.

[6] Rossi, P., H. Freeman. Program Monitoring for Evaluation and Management. Evaluation: A Systematic Approach, 1973, pp. 163 – 213.

[7] Evert Vedung, "Public Policy and Program Evaluation". New Brunswick and London: Transaction Publishers. 1997, pp. 35 – 92.

[8] Li Ying, Kang Deshun, Qi Ershi, "Research of model and application of profit relatives of policy evaluation", "Science and Technology Management", 2006, Vol. 27 (2), pp. 51 – 56.

[9] Liu Bo, Li Meng, Li Xiaoxuan, "Retrospect of science and technology talents policy of

our country in recent 30 years", "China Science & Technology Forum", 2008, Vol. 11, pp. 3 - 7.

[10] Sun Chao, "Analysis of current talents policy of Dalian city", "Human Resource and Talents", 2007, Vol. 11, pp. 25 - 26.

本篇参考文献

［1］朱达明、王体法、尹耐国：《上海市实施人才战略立法研究》，《公共行政与人力资源》2005 年第 2 期。

［2］张卫峰、潘晨光、刘霞辉、钱伟：《国内外专业人才资源开发政策比较研究》，《社会科学管理与评论》2004 年第 2 期。

［3］朱深：《提升区域规划执行力》，《中国人才》2006 年第 11 期。

［4］冉小毅：《人才规划如何体现科学发展观》，《人才开发》2004 年第 8 期。

［5］张爽：《英国〈基础学位计划〉政策的评价及启示》，《外国教育研究》2006 年第 8 期。

［6］国务院发展研究中心：《强化市场化改革方向　调整企业人才培育政策》，《国务院发展研究中心调查研究报告》第 126 号（总 2641 号），2006 年版。

［7］靳永翥：《论公共政策失败及矫治———一种过程分析方法》，《江西行政学院学报》2006 年第 4 期。

［8］罗瑾琏、刘权、孙曼：《科技人才内生要素指标研究及其政策支持》，《公共行政与人力资源开发》2005 年第 4 期。

［9］邵颖红、黄渝祥：《政策评价的方法》，《中国软科学》1999 年第 4 期。

［10］丁煌：《政策制定的科学性与政策执行的有效性》，《南京社会科学》2002 年第 1 期。

［11］Arthur M. Recesso, First Year Implementation of the School to Work Opportunity Act Policy: An effort at Backward Mapping. *Education Policy Analysis Archives*, 1999.

［12］Dunn, W. N., Public Policy Analysis: An Introduction, 2nd Ed. Prentice Hall. New Jersy, 1994.

［13］Elmore, R. F., Backward Mapping: Implementation Research and Policy Decisions, *Policical Science Quarterly*, 1994: 601 – 616.

第五篇

政府人才计划与科技人才建设

第十六章 科技领军人才成长的内生要素

第一节 内生要素的含义和构成

在本书中，科技领军人才成长的内生要素是指科技领军人才从事科学技术活动所应具备的资质要素以及满足其发展的内在需求要素，即科技领军人才成长的内生要素主要包括两个方面：资质要素和需求要素。资质要素是指科技领军人才从事相关研究或实践活动所应具备的特征和素质；需求要素是指科技领军人才需要得到满足和追求实现的物质因素和精神因素。

我们从资质要素理论和激励理论两个方面入手，提出科技领军人才应具备的内生要素（包括资质要素与需求要素）。

一 资质要素理论研究

1. "资质"的概念

McClelland 在 1973 年首先提出资质的概念，他强调传统的性向测验和知识测验并不能预测候选人在未来工作中的表现，人的工作绩效由一些更根本更潜在的因素决定，这些因素能够更好地预测人在特定职位上的工作绩效，这些"能区分在特定工作岗位和组织环境中绩效水平的个人特征"，就是"资质"。McLagan 认为资质是足以完成主要工作结果的知识、技能、能力与特质。

Mansifield 认为：资质是精确的技能与特性行为的描述，员工必须依此进修，才能胜任工作，并提升绩效表现。

Ledford 认为：资质应包括尚未开发的层面，认为资质包含三个概念：（1）个人特质，即个人所独具之特质，包括知识、技能与行为；（2）可验证的，即个人所表现出来的、可以确认的部分，包括已有研究成果；（3）产生绩效的可能性，即除了现有的绩效表现之外，注重未来的绩效，包括研究效率、研究组织能力等。因此，资质是个人可验证的特质，包括可能产生绩效所具备的知识、技能和行为。

李声吼认为：资质是人们工作时必须具备之内在能力或资格，这些资质可能以不同的行为或方式表现于工作场合中，其亦指某方面的知识或技能，这些知识与技能对于产生关键性的成果有决定性影响。

Parry 认为：技能与资质是有所区别的，其区别在于技能具有特定性与情境性的特质，而资质则是一般性或广泛化的。所以资质是影响个人工作的最主要因素，是一个包含知识、态度以及技能的集合体，可以借由一个可以接受的标准加以衡量，其与工作绩效密切相关，可以通过训练与发展加以增强。

美国薪酬协会提出，资质是个体为达到成功的绩效水平所表现出来的工作行为，这些行为是可观察的、可测量的、可分级的。

综合上述学者以及研究机构对资质的定义，我们认为资质是指在特定工作（或组织、文化）中区分高绩效水平与一般绩效水平的个人特性的综合表现，这些个人特性既包括知识、技能等表层特质，又涵盖了深层的个性、价值观念、内驱力等方面的内容。

2. 资质要素理论综述

（1）20 世纪前 50 年对资质理论的研究。早在 1911 年，科学管理之父泰勒（Taylor）就认识到优秀员工和较差员工在完成工作时存在差异。他建议通过时间和动作分析方法，分析人的职业活动，识别工作对操作和技能的要求，同时建立规范化操作方法，采用系统的培训和发展活动去提高工人的操作技能，进而提高个人绩效。

50 年代人们对 20 世纪前半叶的 1000 项研究进行了分析，认为一个成功的人士所应具备的资质特质有：

①生理因素：一个人的生理因素可能是形成其管理品质的中心。这些生理因素包括年龄、身高、体重、容貌、风度等等。

②能力因素：智力的影响力最大。

③兴趣因素：是探究并乐意从事某某事物的倾向，是成功者的一个重要品质。

④文化水平：受教育程度对一个人的发展有着重要影响。

⑤技能：具备某种技能对成功人士必不可少。

⑥性格：主要是指自信、适应能力、开放的心态等等。

在 50 年代末，人们认为这种理论缺乏根据。著名领导心理学家斯多蒂尔在研究领导者的胜任能力时就宣布：没有所谓天生的领导者。此后，理论界就将注意力转到研究行为的强化和发展上。

（2）现代学者对资质理论的研究。McClelland 等学者运用工作分析、关键事件访谈法等方法，经过多年的研究和实践，提出了 20 多种资质特征，比如：获取信息的能力、分析思考的技能、概念思考的能力、策略思考的技能、人际理解和判断的技能、帮助和服务导向的技能、影响他人的技能、知觉组织的技能、发展下属的技能、领导技能、团队协作技能等等。

Yukl 将管理者工作划分为三类技能或资质：技术、人际和概念。技术技能包括方法、使用工具和操作设备的能力；人际技能包括交流能力、合作能力等；概念能力包括分析能力、创造力、解决问题的能力、认识机遇的能力等。

Pavett 和 Lau 认为资质包括概念、技术、人际和政治技能四种类型。前面两个和 Yukl 相同，人际技能涉及同他人一起工作、理解和激励的能力，政治技能包括构建权力基础等。

Mount 等运用人际决策国际公司（PDI）开发的"管理技能轮廓"测量工具，测量了 250 名经理人员，结果得到了管理资质的三个维度：人际关系、管理和技术的技能。

Boyatzis 提出了资质经理的有效绩效模型，评价了 12 个组织 41 个不同管理岗位 2000 多人的 21 个特征。该模型认为，要取得良好绩效，管理人员需要具备 6 个方面的资质：目标和行动管理，包括关注影响、效率导向；领导，包括概念化能力、自信、演讲；人力资源管理，包括管理群体过程、使用社会权力；指导下级技能，包括培养他人、自发性、使用单方面的权力；特殊的知识；其他特征，比如自我知觉、自信、适应性等。

国内学者对资质理论的关注部分来自于对能本管理的关注。戚鲁、杨华在《人力资源能本管理和能力建设》一书中认为能力管理包含四层含义：①能力指组织发展需要的能力；②能力本位是把能力作为管理的根本出发点，是管理的决定性因素；③把能力作为具有终极意义的管理价值目标；④把提高和发展能力作为主要激励手段。能本管理围绕着能力发现机制、能力使用机制和能力开发机制具体展开。他们认为能力结构是德能、体能、技能和智能的组合，人力资源能力建设要从人的学习能力、创新能力、适应能力、竞争能力和管理能力出发。

另外也有学者主要从心理和人力资源两个方面来研究资质理论。王重鸣教授通过对 10 家企业的 50 名中高层管理人员的结构访谈与量表调查，收集了反映经营管理者任职要求的关键行为事件，并据此编制成量表的行为题项。经过预调整后正式对全国 5 个城市 51 家企业的 220 名中高层管理人员发放量表。研究结果表明，管理资质特征由管理素质和管理技能两个方面构成，管理素质包括正职的价值倾向、诚信正直、责任意识、权力取向等；而管理技能维度包括协调监控能力、战略决策能力、激励指挥能力和开拓创新能力等。

总的来看，有关资质理论的研究主要有三种思路：一是与工作相关的资质，它包括任务资质、结果资质和产出资质；二是良好绩效者的特征所构成的资质，比如知识、技能、态度、价值观等；三是特征集合所构成的资质，如领导、解决问题和决策等。

二 内生要素指标的构成

1. 科技领军人才的资质要素指标

在上述资质要素理论的研究基础上，参考国内外相关研究成果，结合实地访谈调研结果，广泛列举了科技领军人才的资质要素指标。将资质要素划分为 8 个维度，包括人文素养、知识结构、研究资格、个性特质、工作态度、研究资质、研究能力和研究组织能力，每个维度包含相应的指标，共计 38 个指标（见表 16 - 1）。

表 16 - 1　　　　　　　　初始列举的科技领军人才资质要素

维度名称	分项指标
人文素养	文化底蕴、思想情操、道德品质、爱国精神
知识结构	基础知识、专业知识、了解本研究领域的先进理论和前沿热点、知识面
研究资格	学历层次、专业职称、专业技术资格
个性特质	艰苦创业、持之以恒、谦虚谨慎、合作精神、开放的心态、博大的胸襟
工作态度	敬业精神、实事求是、进取精神、积极主动
研究资质	科技战略眼光、研究思路与方法、丰富的研究经验、已发表的论文与著作、拥有的专利、所获的国家级奖项
研究能力	创新能力、学习能力、掌握信息的能力、适应能力、承压能力、执行能力
研究组织能力	组织管理能力、经营开发能力、沟通协调能力、领导能力、社会交往能力

2. 科技领军人才的需求要素指标

将需求要素划分为工作物质条件、生活物质条件、工作认同、工作特性、组织制度、组织氛围、社会关系、职业权益和成就追求9个维度，共42个指标（见表16-2）。

表16-2　　　　　　　初始列举的科技领军人才需求要素

维度名称	分项指标
工作物质条件	丰厚的科研经费、追加经费的机会、工作场所与环境、仪器设备与实验条件
生活物质条件	优厚的薪酬与福利、家庭成员获得的特殊照顾或优惠待遇
工作认同	与同行相比获得公平的报酬、获得与自己的付出相称的报酬、工作成绩得到客观公正的评价、自己的工作效果得到及时的反馈
工作特性	从事具有挑战性的工作、从事自己感兴趣的工作、从事具有重要意义的工作、适度的工作压力、工作绩效考核的高标准
组织制度	自己的建议能够有效反馈到上层并被重视、组织中重要事项的决策权、随时与上级讨论工作的自由、接受培训和继续教育的机会、得到政府及单位的政策倾斜
组织氛围	积极良性的竞争氛围、主管的激励和赏识、受到同事的尊重、受到组织的关心
社会关系	与领导的人际关系、与同事的人际关系、与下属的人际关系、通过联谊会等组织进行的社会交往
职业权益	自主支配工作时间、自主安排工作进程、明确自己工作绩效的衡量标准、研究成果的专利权、对于科研资源的支配权、申请重大项目的机会、获得更多的项目合作机会
成就追求	荣誉奖励、社会地位、得到社会肯定、行政职位晋升、专业职称晋升、充分发挥自己的智慧和能力、攻克研究难题的成就感

第二节　内生要素指标的分析方法

一　指标的评价尺度

通过对上海市各个学科领域的高级科技人才以及专家进行问卷调查，对上述列举的资质要素指标和需求要素指标进行评分，并基于问卷调查结果进行指标筛选，最终形成科技领军人才的资质要素和需求要素指标。

研究设计的《政府人才计划与科技领军人才关联性研究调查问卷》中对于科技领军人才的资质要素和需求要素部分，采用了李克特（Likert）量表法。具体得分所对应的评价尺度为：

5 分——非常重要

4 分——较重要

3 分——一般

2 分——不大重要

1 分——完全不重要

根据样本问卷调查的反馈结果，得到每个指标的平均得分，从而反映被调查群体对于各个指标的重要度评价。本部分将平均得分结果所代表的重要度划分为三个层级：

5—4 分（含 4 分）——"突出级"；

4—3 分（含 3 分）——"重要级"；

3—1 分——"次要级"。

二 指标分析的实施步骤

通过《内生要素指标调查问卷》的发放、回收以及数据统计分析，得到科技领军人才具备的资质要素和需求要素。分析过程如下：

（1）科技领军人才专家按照要求填写问卷，给每个资质要素指标和需求要素指标评分；

（2）利用统计分析软件 SPSS 对问卷中的资质要素指标和需求要素指标进行均值得分统计；

（3）参考均值得分统计结果，筛选得到科技领军人才的资质要素指标和需求要素指标。将"次要级"的指标剔除，余下"突出级"和"重要级"指标，即选出能够重点且相对全面地反映科技领军人才的资质和需求，而又避免使用过多数量的指标。

三 调查样本概况

问卷调查总共发放问卷 1236 份，回收 263 份，有效问卷 248 份，问卷回收率 21.28%，问卷回收有效率 94.3%。

问卷发放的对象是历年获得上海市青年科技启明星计划、上海市科技启明星跟踪计划、上海市优秀学科带头人计划以及上海市教委"曙光计划"资助的专家学者和科技人才。调查问卷样本结构如表 16-3 所示。

表 16-3　　　　　　　　　　　　调查样本结构分析

性别	男	女	缺失值		
分布结构（%）	80.3	18.5	1.2		
学历	本科	硕士	博士	博士后	缺失值
分布结构（%）	29.9	29.3	27.8	12.8	0.2
职称	中级职称	副高级职称	正高级职称	其他	缺失值
分布结构（%）	5.6	31	61.3	1.2	0.8
单位性质	教育机构	政府部门	企业	其他	缺失值
分布结构（%）	75.6	1.6	4.1	16.3	2.4

其中：

本次调查对象男性与女性有效百分比分别为 80.3% 和 18.5%，符合调查需要。

学历分布显示，在 248 名被调查对象中，除了缺失值外，均具有本科及以上学历的人才，符合被调查群体的基本特征。

本次调查将职称划分为三档，统计结果显示被调查对象中具有副高及以上职称的人员占到 92.3%，具有良好的代表性。

结合调查对象的选择，本次调查将调研单位划分为教育机构、政府部门、企业和其他等四档，其中教育机构占 75.6%，企业占 4.1%，其他单位为 16.3%。

调用 SPSS 统计分析软件中的 reliability analysis 命令对问卷主体指标作可靠性分析，得到可靠性系数 $\alpha = 0.9846$，$\alpha > 0.5$ 的信度水平，可见，问卷的调查结果是可靠的。

第三节　科技领军人才的资质要素指标分析

在《内生要素指标调查问卷》中，将资质要素划分为八个维度，即人文素养、知识结构、研究资格、个性特质、工作态度、研究资质、研究能力和研究组织能力，每个维度包含相应的分项指标。根据问卷的调查结果，对各个要素指标的重要度进行分析，筛选得到科技领军人才所应具备的资质要素。

一 科技领军人才资质要素维度的总体评价

表 16 – 4 科技领军人才资质要素维度的总评分

维度	总评分	排名
工作态度	4.80	1
知识结构	4.74	2
个性特质	4.64	3
研究能力	4.59	4
研究资质	4.08	5
研究组织能力	4.05	6
人文素养	4.01	7
研究资格	3.57	8

根据问卷调查结果，总体上，科技领军人才资质要素八个维度的评价得分均高于 3 分，其中除了"研究资格"以外，其余维度得分都在 4 以上。说明这八个维度都是科技领军人才的重要资质维度。相对而言，"工作态度"维度最为专家所看重，而"研究资格"维度的得分最小。

二 各维度分项指标的评价得分

各维度分项指标的评价得分情况如表 16 – 5 所示。

表 16 – 5 各维度分项指标的评价得分

维度	指标	平均得分
工作态度	实事求是	4.88
	敬业精神	4.86
	进取精神	4.79
	积极主动	4.68
知识结构	了解本研究领域的先进理论和前沿热点	4.94
	专业知识	4.80
	基础知识	4.65
	知识面	4.57

续表

维度	指标	平均得分
个性特质	持之以恒	4.79
	合作精神	4.78
	开放的思维	4.77
	博大的胸襟	4.71
	艰苦创业	4.51
	谦虚谨慎	4.29
研究能力	创新能力	4.84
	学习能力	4.66
	掌握信息的能力	4.64
	承压能力	4.47
	执行能力	4.46
	适应能力	4.45
研究资质	科技战略眼光	4.81
	研究思路与方法	4.77
	丰富的研究经验	4.38
	已发表论文与著作	3.80
	拥有的专利	3.37
	所获的国家级奖项	3.33
研究组织能力	组织管理能力	4.58
	沟通协调能力	4.50
	领导能力	4.42
	社会交往能力	4.08
	经营开发能力	2.57
人文素养	道德品质	4.81
	爱国精神	4.52
	思想情操	4.48
	文化底蕴	2.21
研究资格	学历层次	4.08
	专业技术资格	3.83
	专业职称	2.81

从表16-5可以看出，得分在4分以上、对于科技领军人才而言属于十分重要级的指标有："工作态度"维度中的全部4个指标、"知识结构"

维度中的全部 4 个指标、"个性特质"维度中全部的 6 个指标、"研究能力"维度中的全部 6 个指标、"研究资质"维度中的"科技战略眼光、研究思路与方法、丰富的研究经验"指标、"研究组织能力"维度中"组织管理能力、沟通协调能力、领导能力、社会交往能力"指标、"人文素养"维度中"道德品质、爱国精神、思想情操"指标、"研究资格"维度中"学历层次"指标。得分在 3 到 4 分之间、对于科技领军人才而言属于重要级的指标有:"研究资质"维度中的"已发表论文与著作、拥有的专利、所获的国家级奖项"、"研究资格"维度中的"专业技术资格"指标。得分在 3 分以下、对于科技领军人才而言属于次要级的指标有:"研究组织能力"维度中的"经营开发能力"、"人文素养"维度中的"文化底蕴"、"研究资格"维度中的"专业职称"指标。

三 基于问卷评分的科技领军人才资质要素指标筛选

上述关于科技领军人才资质要素的问卷评分结果主要说明了两方面问题:

(1) 总体而言,基于资质理论所列举的八个维度的资质要素,都是科技领军人才所应具备的比较重要的资质维度,绝大部分分项指标都是科技领军人才的重要资质;

(2) 各个分项要素指标具有不同的重要程度,属于"突出级"、"重要级"和"次要级"的得分都出现过。

各个分项指标的重要程度如表 16 - 6 所示。

表 16 - 6　　　　　　　　科技领军人才各资质要素指标的重要度

维度 ＼ 重要度	突出级	重要级	次要级
工作态度	实事求是;敬业精神;进取精神;积极主动		
知识结构	了解理论前沿热点;专业知识;基础知识;知识面		
个性特质	持之以恒;合作精神;开放思维;博大胸襟;艰苦创业;谦虚谨慎		
研究能力	创新能力;学习能力;掌握信息的能力;承压能力;执行能力;适应能力		

续表

重要度 维度	突出级	重要级	次要级
研究资质	科技战略眼光；研究思路与方法；丰富的研究经验	已发表论文著作；拥有的专利；所获的国家级奖项	
研究组织能力	组织管理能力；沟通协调能力；领导能力；社会交往能力		经营开发能力
人文素养	道德品质；爱国精神；思想情操		文化底蕴
研究资格	学历层次	专业技术资格	专业职称

评分属于"次要级"的指标对于科技领军人才的资质要素而言没有达到足够重要的程度，将其剔除，得到科技领军人才的资质要素指标。

表16–7　　　　　科技领军人才的资质要素指标

工作态度	知识结构	个性特质	研究能力	研究资质	研究组织能力	人文素养	研究资格
实事求是 敬业精神 进取精神 积极主动	了解理论前沿热点专业知识基础知识知识面	持之以恒合作精神开放思维博大胸襟艰苦创业谦虚谨慎	创新能力学习能力掌握信息的能力，承压能力执行能力适应能力	科技战略眼光，研究思路与方法，丰富的研究经验，已发表论文著作，拥有的专利，所获的国家级奖项	组织管理能力，沟通协调能力，领导能力，社会交往能力	道德品质爱国精神思想情操	学历层次，专业技术资格，专业职称

第四节　科技领军人才的需求要素指标分析

在《内生要素专家调查问卷》中，需求要素划分为九个维度，包括工作物质条件、生活物质条件、工作认同、工作特性、组织制度、组织氛围、社会关系、职业权益和成就追求，每个维度包含相应的分项指标。

一 科技领军人才需求要素维度的总体评价

表 16 - 8　　　　　　　　科技领军人才需求要素维度的总评分

维度	总评分	排名
职业权益	4.41	1
工作物质条件	4.40	2
工作特性	4.248	3
工作认同	4.247	4
组织氛围	4.17	5
组织制度	4.08	6
成就追求	3.91	7
社会关系	3.81	8
生活物质条件	3.11	9

根据问卷调查的结果（如表 16 - 8 所示），在总体上，科技领军人才需求要素的九个维度的评价得分均处于"突出级"和"重要级"的水平。相对而言，"职业权益"维度最为专家所看重，而"生活物质条件"维度的得分最小。

二 各维度分项指标的评价得分

各维度分项指标的评价得分情况如表 16 - 9 所示。

表 16 - 9　　　　　　　　各维度分项指标的评价得分

维度	指标	平均得分
职业权益	申请重大项目的机会	4.63
	获得更多的项目合作机会	4.53
	自主支配工作时间	4.47
	自主安排工作进程	4.46
	对于科研资源的支配权	4.42
	明确自己工作绩效的衡量标准	4.27
	研究成果的专利权	4.07

续表

维度	指标	平均得分
工作物质条件	仪器设备与实验条件	4.52
	丰厚的科研经费	4.50
	工作场所与环境	4.34
	追加经费的机会	4.25
工作特性	从事自己感兴趣的工作	4.67
	从事具有重要意义的工作	4.37
	从事具有挑战性的工作	4.33
	适度的工作压力	4.03
	工作绩效考核的高标准	3.85
工作认同	工作成绩得到客观公正的评价	4.57
	自己的工作效果得到及时的反馈	4.20
	获得与自己的付出相称的报酬	4.13
	与同行相比获得公平的报酬	4.09
组织氛围	积极良性的竞争氛围	4.59
	受到同事的尊重	4.10
	受到组织的关心	4.02
	主管的激励和赏识	3.97
组织制度	自己的建议能够有效反馈到上层并被重视	4.29
	组织中重要事项的决策权	4.20
	接受培训和继续教育的机会	4.03
	随时与上级讨论工作的自由	3.96
	得到政府及单位的政策倾斜	3.95
成就追求	充分发挥自己的智慧和能力	4.63
	攻克研究难题的成就感	4.57
	得到社会肯定	4.19
	专业职称晋升	4.05
	社会地位	3.88
	荣誉奖励	3.74
	行政职位晋升	2.31
社会关系	与同事的人际关系	4.25
	与下属的人际关系	4.23
	与领导的人际关系	4.04
	通过联谊会等组织进行的社会交往	2.71
生活物质条件	优厚的薪酬与福利	3.94
	家庭成员获得的特殊照顾或优惠待遇	2.29

从表16-9可以看出，得分在4分以上、对于科技领军人才而言属于十分重要的要素指标有："职业权益"维度中的全部7个指标、"工作物质条件"维度中的全部4个指标、"工作特性"维度中的"从事自己感兴趣的工作、从事具有重要意义的工作、从事具有挑战性的工作、适度的工作压力"指标、"工作认同"维度中的全部4个指标、"组织氛围"维度中的"积极良性的竞争氛围、受到同事的尊重、受到组织的关心"指标、"组织制度"维度中的"自己的建议能够有效反馈到上层并被重视、组织中重要事项的决策权、接受培训和继续教育的机会"指标、"成就追求"维度中的"充分发挥自己的智慧和能力、攻克研究难题的成就感、得到社会肯定、专业职称晋升"指标、"社会关系"维度中的"与同事的人际关系、与下属的人际关系、与领导的人际关系"指标。得分在3到4分之间、对于科技领军人才而言属于重要级的指标有："工作特性"维度中的"工作绩效考核的高标准"、"组织氛围"维度中的"主管的激励和赏识"、"组织制度"维度中的"随时与上级讨论工作的自由、得到政府及单位的政策倾斜"、"成就追求"维度中的"社会地位、荣誉奖励"、"生活物质条件"维度中的"优厚的薪酬与福利"指标。得分在3分以下、对于科技领军人才而言属于次要级的指标有："成就追求"维度中的"行政职位晋升"、"社会关系"维度中的"通过联谊会等组织进行的社会交往"、"生活物质条件"维度中的"家庭成员获得的特殊照顾或优惠待遇"指标。

三　基于问卷评分的科技领军人才需求要素指标筛选

上述关于科技领军人才需求要素的问卷评分结果说明：

（1）基于激励理论所列举的九个维度的需求要素，都是科技领军人才所具备的比较重要的物质需求和心理需求。

（2）各个分项要素指标具有不同的重要程度，属于"突出级"、"重要级"和"次要级"的得分都出现过。

各个分项指标的重要程度如表16-10所示。

表16-10　　　　　　科技领军人才各需求要素指标的重要度

重要度 维度	突出级	重要级	次要级
职业权益	申请重大项目的机会；更多的项目合作机会；自主支配工作时间；自主安排工作进度；对于科研资源的支配权；明确自己工作绩效的衡量标准；成果专利权		

续表

维度 重要度	突出级	重要级	次要级
工作物质条件	仪器设备与实验条件；丰厚的科研经费；工作场所与环境；追加经费的机会		
工作特性	从事自己感兴趣的工作；从事具有重要意义的工作；从事具有挑战性的工作；适度的工作压力	工作绩效考核的高标准	
工作认同	工作成绩得到客观公正的评价；自己的工作效果得到及时的反馈；获得与自己的付出相称的报酬；与同行相比获得公平的报酬		
组织氛围	积极良性的竞争氛围；受到同事的尊重；受到组织的关心	主管的激励和赏识	
组织制度	建议能够有效反馈到上层并被重视；组织中重要事项的决策权；接受培训和继续教育的机会	随时与上级讨论工作的自由 得到政府及单位的政策倾斜	
成就追求	充分发挥自己的智慧和能力；攻克研究难题的成就感；得到社会肯定；专业职称晋升	社会地位；荣誉奖励	行政职位晋升
社会关系	与同事的人际关系；与下属的人际关系；与领导的人际关系		通过联谊会等组织进行的社会交往
生活物质条件	优厚的薪酬与福利		家庭成员获得的特殊照顾或优惠待遇

其中，评分属于"次要级"的指标对于科技领军人才的需求要素而言没有达到足够重要的程度，将其剔除，得到科技领军人才的需求要素指标。

表16-11 科技领军人才的需求要素指标

职业 权益	工作物 质条件	工作 特性	工作 认同	组织 氛围	组织 制度	成就 追求	社会 关系	生活物 质条件
申请重大项目的机会，更多的项目合作机会，自主支配工作时间，自主安排工作进程，对于科研资源的支配权，明确自己工作绩效的衡量标准，成果专利权	仪器设备与实验条件，丰厚的科研经费，工作场所与环境，追加经费的机会	从事自己感兴趣的工作，从事具有重要意义的工作，从事具有挑战性的工作，适度的工作压力，工作绩效考核的高标准	工作成绩得到客观公正的评价，自己的工作效果得到及时的反馈，获得与自己的付出相称的报酬，与同行相比获得公平的报酬	积极良性的竞争氛围，受到同事的尊重，受到组织的关心，主管的激励和赏识	建议能够有效反馈到上层并被重视，组织中重要事项的决策权，接受培训和继续教育的机会，随时与上级讨论工作的自由，得到政府及单位的政策倾斜	充分发挥自己的智慧和能力，攻克研究难题的成就感，得到社会肯定，专业职称晋升，社会地位，荣誉奖励	与同事的人际关系，与下属的人际关系，与领导的人际关系	优厚的薪酬与福利

第十七章 政府科技人才计划的
实施与研究现状

到目前为止，有关国内外政府人才计划的实施和研究主要集中于实施目的、操作模式和成效评价三个环节，本章从这三方面入手，分析政府人才计划的实施与研究现状。

第一节 政府科技人才计划的实施目的

一 我国主要政府科技人才计划的实施目的

长江学者奖励计划：奖掖英才，崇尚创新，激励特聘教授履行岗位职责，带领本学科在其前沿领域赶超或保持国际先进水平。

国家杰出青年科学基金：促进青年科学技术人才的成长，鼓励海外学者回国工作，加速培养造就一批进入世界科技前沿的优秀学术带头人。

新世纪优秀人才支持计划：进一步加强高等学校青年学术带头人队伍建设，加速培养造就一大批拔尖创新人才，大力增强高等学校原始性创新能力，持续提升高等学校的学术水平和人才培养质量。

二 上海市主要政府科技人才计划的实施目的

上海市青年科技启明星计划及启明星跟踪计划：加强科技人才队伍建设，促进青年科技人才成长，实现上海科技发展和人才建设目标。

上海市优秀学科带头人计划：为实现上海市科技发展的总体目标，培养和选拔一批进入世界科技前沿的学科和技术带头人。

"曙光"计划：通过科研项目的支持，继而带动人才培养。通过资助不仅使"曙光"计划的青年教师更上一层楼，成为高校中学术、技术带头人，而且产生一批高质量的科研成果。

"浦江人才"计划：进一步优化上海创新创业发展环境，提高上海城市创新能力，吸引更多海外高层次留学人员赴上海工作和创业。

"白玉兰"计划：加快上海的科技进步与社会经济发展，增强上海的综合竞争能力，吸引境内外优秀人才来沪合作开展科学研究和技术创新活动，支持本市优秀科技人才参与国际合作交流活动。

三 国外政府科技人才计划的实施目的

学术联盟计划（英国）：改善英国科学技术研究人才在学校毕业后的就职工作情况，协助年轻的研究专家们，从不确定的短期工作转换到稳定长期的学术工作上，吸引更多专业研究人才从事与科学技术相关的研究工作。

21世纪卓越研究基地计划（日本）：建立一流人才培养基地，在取得国际领先重大科研成果的同时，让一批国际顶尖级人才脱颖而出。

科学技术人才培养综合计划（日本）：培养世界顶尖级富有创造性的研究人员；培养社会产业所需人才；创造吸引各种人才，可使他们有充分发挥才能的环境；建设有利于科技人才培养的社会。

国家战略领域人才培养综合计划（韩国）：克服高级人才短缺问题，顺利推进信息技术、生物工程技术、纳米技术、环境技术、宇航技术和文化产业技术六大战略领域的发展，提高国家竞争力，谋求国家经济长期稳定发展，并通过此计划使韩国的科技竞争力在2006年进入世界前10位。

"强化澳大利亚能力"人才计划（澳大利亚）：加强培养各类科学前沿的顶尖人才，进一步吸引海外人才和投资，为澳未来建设和发展服务。

首席科学家计划（加拿大）：自2000年至2005年，在全国设立2000个加拿大研究学者席位，以吸引世界一流的学者为本国有可能处于世界领先水平的研究项目服务。

"博士扎根特别计划"（巴西）：通过奖学金和津贴等方式鼓励高级科研人员留在国内企业和科研机构工作，以解决巴西人才流失问题。

四 基本结论

纵观我国的主要政府人才计划以及国外人才计划的设立初衷，不难发现，政府人才计划的实施目的之根本点在于为本国或本地区的发展赢得充足的科技领军人才。

虽然各个政府人才计划在不同国度、不同历史发展阶段承载着不同针对性目的，但总体看来，在科技成为第一生产力，科技竞争力在综合国力之中扮演着越来越重要角色的客观环境下，政府人才计划的目的通常涵盖以下几个层面：

（1）从数量上：克服科技人才短缺和科技人才流失（特别是某些科技人才紧缺的行业），为本国或本地区保持足够的科技人才数量；

（2）从质量上：在本国本地区培养更多的高级科技人才，在世界范围内吸引更多的高级科技人才；

（3）从战略上：通过高端科技人才的储备和能量发挥，提升本地区科技创新能力和城市综合竞争力，最终带动本国科技竞争力的提升。

这三个层面的目标，归结到一点，就是要培养引领学科研究的高级科技人才。只有拥有足够的高素质科技领军人才，才能够确保各个行业具备充足的科研力量，从而推动本地区的科技整体水平攀升，进而为综合国力的发展做出贡献。因此，培养科技领军人才也就成为各个政府人才计划设立的根本初衷和根本任务。

第二节　政府科技人才计划的操作模式

根据实现培养科技领军人才这一目标的不同途径，国内外政府人才计划的操作模式可主要归纳为以下几类。

1. 以科研项目为途径：通过专款资助的项目审批，带动高级科技人才的脱颖而出，并催生科研成果

我国的国家杰出青年科学基金、新世纪优秀人才支持计划以及上海市的当地政府人才计划的操作模式均属于这一类。每年由政府相关主管部门发布各个人才计划的项目名录、申请条件和程序，由各单位推荐上报，政府主管部门组织专家进行评审和答辩，通过评审答辩的申报者则成为该人才计划的获资助者。

日本的"21世纪卓越研究基地计划"也是属于这种操作模式。从2002年开始，日本文部科学省每年选择50所大学的100多项重点科研项目进行资助，每个项目资助时间为5年，每年资助1亿到5亿日元不等。

加拿大的"首席科学家计划"是执委会根据参与该计划的各大学制定的研究计划（包括研究领域及课题、研究目标及实施途径等）和科研

经费总额，确定每所大学的席位数额，由各大学公开招聘候选人并推荐给执委会，再由执委会聘请专家进行评审并确定席位入选者。

2. 以人才培训为途径：政府拨专款投入于高级科技人才的培训和再培训；建设高级科技人才聚集的研究据点

英国的"学术联盟计划"于2004年3月上旬在"国家科学周"会议中被提出。英国政府的科学顾问主席 David King 表示准备提出一项约2300万英镑的预算，用于专业人才培训，并利用这笔专款协助年轻的研究专家们，从不确定的短期工作进而转换到稳定长期的学术工作上。

韩国政府的"国家战略领域人才培养综合计划"，自2002年至2005年的4年间投资2.24万亿韩元（约合17亿美元），对22万名人才进行再培训，同时新培养18万名人才，使信息技术、生物工程技术、纳米技术、环境技术、宇航技术和文化产业技术六大战略领域的高级人才在2005年达到40万名。

根据"科学技术人才培养综合计划"，日本政府在2004年至2008年，建设具有国际竞争力的研究据点，对被选中的据点进行重点资助，集中优秀人才，扩充设备。在多出成果以后，研究者们将更具有知名度，如此形成良性循环。

3. 以直接经济支持为途径：政府拨专款用于设立奖学金、研究生贷款等研究经费资助

我国的长江学者奖励计划是面向国内外公开招聘学术造诣深、发展潜力大、具有领导本学科在其前沿领域赶超或保持国际先进水平能力的中青年杰出人才提供经济支持，由教育部组织有关同行专家对高等学校推荐的"长江学者成就奖"候选人进行会议评审，提出同行专家评审意见，最终由"长江学者奖励计划"专家评审委员会审定"长江学者成就奖"人选。获奖者将享受每年人民币10万元的特聘教授岗位津贴，同时享受学校按照国家有关规定提供的工资、保险、福利等待遇。

"强化澳大利亚能力"的人才计划始于2001年，为期5年、耗资约30亿澳元。其主要的项目有：每年由澳大利亚研究委员会向优秀的研究人员以工资形式发放总额为23万澳元的联邦奖学金；为优秀的博士后发放博士后奖学金；拨款9.1亿澳元为研究生提供贷款，资助研究生学习。

此外，巴西的"博士扎根特别计划"也是通过政府拨专款增加奖学金和津贴的方式鼓励高级科研人员留在国内企业和科研机构工作。

表 17 - 1　　　　　　　　政府人才计划的主要操作模式

操作模式	以科研项目为途径	以人才培训为途径	以直接经济支持为途径
政府人才计划（国内）	上海青年科技启明星计划 上海青年科技启明星跟踪计划 上海市优秀学科带头人计划 上海市教委"曙光"计划 国家杰出青年科学基金 新世纪优秀人才支持计划	—	长江学者奖励计划
政府人才计划（国外）	21 世纪卓越研究基地计划（日本） 首席科学家计划（加拿大）	学术联盟计划（英国） 国家战略领域人才培养综合计划（韩国） 科学技术人才培养综合计划（日本）	"强化澳大利亚能力"人才计划（澳大利亚） 博士扎根特别计划（巴西）

第三节　政府科技人才计划的实施效果评价

一　评价内容

从评价内容来看，已有研究对于政府人才计划实施成效的评价主要集中在两方面：第一，科研投入与产出。第二，培养、吸引优秀科技人才的成效。可以看出，以上两方面评价内容实质上分别是对政府人才计划的实施效果的"硬指标"和"软指标"的评价："科研投入与产出"所对应的是通过政府人才计划直接实现的经费投入、科技成果产出及其应用价值；"培养、吸引优秀科技人才"所对应的指标是关于通过政府人才计划而实现的人才成长、政府人才计划为科技人才提供的环境条件和推动作用等。

表17-2 评价政府人才计划实施成效的指标

科研投入与产出的评价指标	培养、吸引优秀科技人才的评价指标
科研经费数额	主持或参与国家自然科学基金项目的科技人才比例
科研经费的用途分布	
承担课题数量	回国留学人才的数量和所占百分比
课题的单位分布	各类科学基金在科技人才成长过程中的分布比例
课题的学科分布	科技领军人才获得的经费资助额度及占全部资助金额的比例
课题完成数量与完成比例	
发表论文数量	获选者中取得重要职位发展或重要学术成就的人选比例
获省部级奖励的课题数量	
课题通过鉴定的水平	科研基金对科技人才成长所起作用的大小
通过科技成果鉴定的课题数	科技人才所获经费的够用程度
科技成果转化的经济收益	研究条件和环境的满意度调查
已完成课题的推广应用情况	

二 评价方法

数据分析是在评价政府人才计划时的最主要方法，在评价科研投入与产出以及培养、吸引优秀科技人才成效两方面都有很多的应用。主要是通过收集、整理一段时期之内与某个或某几个政府人才计划相关的数据（包括数据绝对值和相对比例），观察其增减变化趋势并据此分析、评价政府人才计划的实施效果。此法适用于纯客观性数据的分析。

此外，问卷调查法也是运用相当多的方法。在分析政府人才计划培养、吸引优秀科技人才的效果时常需搜集、分析与科技人才主观感受有关的主观性数据，例如经费够用程度、研究环境满意度、影响科技人才成长的因素等等。通过设计调查问卷，发放给科技人才群体，获取对各项调查指标的评分，并根据呈现的数据分析所反映的问题。

第四节 现状评价与研究缺口

国内外的政府人才计划都以培养科技领军人才为根本目的。这一宗旨顺应了当前全球通过人才资源赢得科技竞争优势发展趋势的要求。

经过多年的发展，政府人才计划形成了比较成熟的以科研项目、人才培训、直接经济支持为途径和载体的运作模式。这几种操作模式的特点是资源集中、针对性强、效率高。

对于政府人才计划实施效果的评价，主要采用数据分析法和问卷调查法，分别以政府人才计划和参与政府人才计划的科技人才为数据源。注重以结果为导向、以实证分析反映问题。

但是目前关于政府人才计划成效评价的研究与实施还不够深入。无论对于政府人才计划这个平台所带来的投入产出数据，还是对于科技人才的问卷调研，都较单一侧重以政府人才计划本身或者科技人才本身为出发点和研究对象，更进一步的基于两者之间内在关联性的，对于政府人才计划平台与其培养的科技人才间的因素影响关系的研究还不多。

第十八章 政府人才计划中影响科技领军人才成长的外部耦合要素

第一节 外部耦合要素的含义和构成

科技领军人才成长的外部耦合要素是与内生要素相对的概念，指存在于政府人才计划、人才基金等人才机制之中的影响科技领军人才资质要素和需求要素成长变化的要素。

外部耦合要素包括资质培养途径和激励要素两个方面，分别与内生要素的资质要素和需求要素相对应。资质培养途径是指存在于政府人才计划运行机制和环境中的促进科技人才素质提升的方法和途径；激励要素是指政府人才计划中满足科技人才各种需求的实施手段。

第二节 外部耦合要素指标的分析方法

主要通过实地访谈的方法获取政府人才计划的资质培养途径和激励要素。原因如下：

（1）每个政府人才计划可视作一个相对独立的由政府相关部门主导运作的项目，因此具有较强的个性特点。适于针对性强的案例式研究和实地访谈调研法。

（2）被访谈者都是在相应政府人才计划中多年从事管理组织工作，对本计划的运行环节和发展情况非常熟悉，能够提供最为贴切的研究素材和依据。

因此，为充分了解和掌握政府人才计划中影响科技领军人才成长的外部耦合要素，本研究对上海市科技启明星及其跟踪计划、上海市优秀学科带头人计划以及上海市教委"曙光计划"的相关负责人进行了深入访谈，并分析、提炼存在于上海市政府人才计划中的人才资质培养途径和人才激励要素。

第三节　科技领军人才资质要素的培养途径要素

根据实地访谈调研，政府人才计划中与科技领军人才资质成长有关的培养途径主要有六个方面：科研实践、联谊交流、科技考察、学术研讨、院士讲座以及科普宣传。

六种培养途径指标的含义如下：

（1）科研实践：科技人才从事科研工作与学术研究的实践过程。

（2）联谊交流：通常由人才计划的管理方或组织方发起，通过联谊会、期刊发行等方式促进获得资助的科技人才信息交流的相关活动。

（3）科技考察：通常由人才计划的管理方或组织方发起，为获得资助的科技人才提供国内外考察的机会或经费的资助行为。

（4）学术研讨：针对相关学术领域和学术问题所举办的，邀请获得资助的科技人才参加的研讨活动。

（5）院士讲座：聘请国内外知名院士及科学家进行学术讲座和信息、经验分享。

（6）科普宣传：通常由人才计划的管理方或组织方实施的关于科技政策、科研成就以及其他相关信息的发布。

第四节　满足科技领军人才需求要素的团队激励手段指标

访谈成果显示，政府人才计划中的激励手段主要包括经费资助、多阶段考核的动力、联谊交流、成果推广、经费追加、荣誉奖励、项目合作机会和重大项目中标机会八个方面。

八种激励手段指标的主要含义如下：

（1）经费资助：政府人才计划主办方直接提供给入选科技人才一定数量的科研经费。

（2）多阶段考核的动力：政府人才计划主办方对所获资助的科研项目及课题在结题之前进行分阶段、多次考核的管理办法，保障项目实施的质量和进度。

（3）联谊交流：通常由政府人才计划主办方发起的各种联谊和信息交流活动，以保证科技人才在学术领域以及其他方面的信息分享。

（4）成果推广：科技人才的研究成果在学术界或者实际应用领域得到宣传和推广应用。

（5）经费追加：政府人才计划主办方对部分具有极高科研价值和应用价值以及具备重大学术意义的研究课题，在原有经费资助的基础上给予一定数量追加经费资助。

（6）荣誉奖励：科技人才及其研究成果由于受到学术界或者社会肯定而获得相应的荣誉称号和奖励。

（7）项目合作机会：与本学科领域同仁进行科研合作的机会或者与不同领域的科技人才进行跨领域合作研究的机会。

（8）重大项目中标机会：科技人才由于获得政府人才计划资助，其研究成果和研究能力得到客观认可，进而增大了其获取更高层级的重大科研项目的中标机会。

第十九章　政府人才计划与科技团队及领军人才成长的关联性分析

第一节　关联性分析方法

一　关联性分析的评分尺度

通过科技人才问卷调查，分析内生要素指标与外部耦合要素指标的关联性。关联性分析的调查对象与第十六章中内生要素指标问卷的调查对象相同。关联性分析包括两个部分：

（1）资质培养途径与人才资质要素的关联性：政府人才计划的资质培养途径对人才资质要素的推动程度。

（2）激励手段与人才需求要素的关联性：政府人才计划的激励手段对于人才需求要素的满足程度。

在《政府人才计划与科技领军人才关联性研究调查问卷》中对于要素关联性评价的部分，采用了李克特（Likert）量表法来标的上述两部分内容的关联度。具体得分所对应的评价尺度为：

5 分——非常大

4 分——大

3 分——一般

2 分——较小

1 分——非常小

根据样本问卷调查的反馈结果，得到指标关联度的平均得分，从而反映被调查群体对于内生要素与外部耦合要素关联度的评价。将平均得分结果所代表的关联度划分为三个层级：

5—4 分（含 4 分）——显著关联；

4—3 分（含 3 分）——重要关联；

3—1 分——弱关联。

二 关联性分析步骤

通过《关联性调查问卷》的发放、回收以及数据统计分析，得到了科技领军人才成长的内生要素与外部耦合要素的关联性评价。具体分析过程如下：

（1）科技人才按照要求填写问卷，为内生要素指标与外部耦合要素指标的关联性评分；

（2）利用统计分析软件 SPSS 对归类后问卷中的关联度评分进行均值分析；

（3）根据均值分析的结果，得到科技领军人才的资质要素与资质培养途径之间、需求要素与激励手段之间关联程度的评价。

第二节 科技团队领军人才资质要素指标与其培养途径指标的关联性分析

一 培养途径指标对人才资质要素指标的推动作用

表 19 - 1　　　　培养途径指标对人才资质要素指标的推动作用评分

资质要素 培养途径	人文 素养	知识 结构	研究 资格	个性 特质	工作 态度	研究 资质	研究 能力	研究组 织能力
科研实践	2.58	3.00	4.11	2.60	4.10	4.21	4.35	4.17
联谊交流	3.83	3.94	2.63	2.64	3.77	2.55	2.73	3.83
科技考察	3.77	4.00	2.61	2.54	3.79	2.64	3.81	3.77
学术研讨	2.86	4.32	2.85	2.73	3.89	3.88	4.19	3.91
院士讲座	3.98	4.14	2.63	2.70	3.98	2.69	3.91	2.71
科普宣传	3.93	3.93	2.47	2.50	3.65	2.48	2.52	4.07

注：▓显著关联。 　重要关联。▓弱关联。

就对科技领军人才资质要素的推动作用而言，政府人才计划的资质培养途径对于每个资质维度都发挥了不同程度的推动作用。除"联谊交流"

外，其他五项资质培养途径对于资质要素的推动效应，从显著关联级到弱弱关联的评价都出现过。问卷调查的具体评分见表 19 - 1。

二　资质培养途径指标推动作用的总体评价

表 19 - 2　　政府人才计划资质培养途径指标推动作用的平均得分

	平均分	排名
科研实践	3.64	1
学术研讨	3.58	2
科技考察	3.37	3
院士讲座	3.34	4
联谊交流	3.24	5
科普宣传	3.19	6

问卷调查结果显示，科研实践对于科技领军人才的个体资质成长的推动作用在六项主要资质培养途径中排名第一，证明了参加科研工作实践是促进科技人才成长和催生科研领域领军人物的最重要因素。

三　资质培养途径分项指标的推动作用分析

对各项资质培养途径指标的推动作用做进一步分析，结果如表 19 - 3 所示。

表 19 - 3　　　　资质培养途径分项指标对科技团队人才
资质要素的推动作用的平均得分

	科研实践	联谊交流	科技考察	学术研讨	院士讲座	科普宣传
研究能力	4.35	2.73	3.81	4.19	3.91	2.52
研究资质	4.21	2.55	2.64	3.88	2.69	2.48
研究组织能力	4.17	3.83	3.77	3.91	2.71	4.07
研究资格	4.11	2.63	2.61	2.85	2.63	2.47
工作态度	4.10	3.77	3.79	3.89	3.98	3.65
知识结构	3.00	3.94	4.00	4.32	4.14	3.93
个性特质	2.60	2.64	2.54	2.73	2.70	2.50
人文素养	2.58	3.83	3.77	2.86	3.98	3.93

可以看出，科研实践最为突出的效应是对科技领军人才研究能力提升的作用，同时对研究资质、研究组织能力、研究资格和工作态度的推动作用也较明显，而对个性特质和人文素养的作用则属于弱效应级。联谊交流最利于知识结构的进步，并对人文素养和研究组织能力有良好的推动效应，而对研究能力、个性特质、研究资格和研究资质的影响作用不大。科技考察对于人才个体知识结构的促进作用显著，对研究能力、工作态度、人文素养和研究组织能力的推动也较为明显，而对于研究资质、研究资格和个性特质等推动作用较小。学术研讨对优化科技人才知识结构作用最显著，并对人才研究能力有突出的推动效应，而对人才个性特质的影响最小。院士讲座对科技领军人才的知识结构优化有着突出的推动作用，但对研究组织能力、个性特质、研究资质和研究资格等指标的推动作用属于弱效应级。科普宣传活动能够突出地推动科技领军人才研究组织能力的提升，同时对于其人文素养的提高和知识结构的丰富也有较大的促进作用，而对研究能力、个性特质、研究资质和研究资格等因素的影响较小。

第三节　科技团队领军人才需求要素指标与其团队激励手段指标的关联性分析

一　激励手段指标对科技团队人才需求要素指标的满足程度

表 19 – 4　　政府人才计划激励手段指标对人才需求要素的满足程度评分

需求要素 激励手段	工作物质条件	生活物质条件	工作认同	工作特性	组织制度	组织氛围	社会关系	职业权益	成就追求
经费资助	4.37	3.46	4.38	3.93	3.83	3.91	3.77	3.72	4.2
多阶段考核	3.83	2.32	3.94	3.76	3.81	3.78	2.59	2.63	3.94
联谊交流	2.33	2.21	3.74	2.51	3.68	3.66	3.96	3.46	3.62
成果推广	4	3.73	4.14	3.74	2.56	3.56	3.8	3.88	4.09
经费追加	4.44	3.54	4.33	3.87	3.72	3.77	3.69	3.81	4.21
荣誉奖励	3.92	3.67	4.44	3.85	3.7	3.8	3.85	3.87	4.32
项目合作机会	4.24	3.52	4.22	3.9	3.79	3.85	4.1	3.79	4.08
重大项目中标机会	4.58	3.69	4.51	4.12	3.93	4.02	4.1	3.99	4.53

说明：▧ 显著关联　　▧ 重要关联　　▧ 弱关联。

八个激励手段指标对于科技领军人才需求要素激励作用的得分，主要是分布在良好效应级和突出效应级，在多阶段考核、联谊交流和成果推广这三项中，出现了弱效应级的评分。具体评分见表19-4。

二 激励手段指标对科技团队人才需求要素满足程度的总体评价

表19-5　政府人才计划激励手段指标对人才需求要素满足程度的平均得分

	平均分	排名
重大项目中标机会	4.16	1
经费资助	3.95	2
项目合作机会	3.94	3
荣誉奖励	3.94	3
经费追加	3.93	5
成果推广	3.72	6
多阶段考核	3.40	7
联谊交流	3.24	8

重大项目中标机会以4.16分居第一位，也是八项激励手段指标中唯一的显著关联级得分。体现了科技领军人才对其高度重视，也证明了通过政府人才计划的评选和资助，使科技人才获得竞争重大项目砝码的重要性。

三 激励手段分项指标的满足程度分析

对各项激励手段分项指标的满足程度做进一步分析，结果如表19-6所示。

表19-6　　　激励手段分项指标对科技团队人才需求
要素的满足程度的平均得分

	经费资助	多阶段考核	联谊交流	成果推广	经费追加	荣誉奖励	项目合作机会	重大项目中标机会
工作认同	4.38	3.94	3.74	4.14	4.33	4.44	4.22	4.51
工作物质条件	4.37	3.83	2.33	4.00	4.44	3.92	4.24	4.58
成就追求	4.20	3.94	3.62	4.09	4.21	4.32	4.08	4.53
工作特性	3.93	3.76	2.51	3.74	3.87	3.85	3.90	4.12
组织氛围	3.91	3.78	3.66	3.56	3.77	3.80	3.85	4.02
组织制度	3.83	3.81	3.68	2.56	3.72	3.70	3.79	3.93
社会关系	3.77	2.59	3.96	3.80	3.69	3.85	4.10	4.10
职业权益	3.72	2.63	3.46	3.88	3.81	3.87	3.79	3.99
生活物质条件	3.46	2.32	2.21	3.73	3.54	3.67	3.52	3.69

　　问卷调查结果显示，经费资助作为政府人才计划中最基本、最直接的激励手段，对于科技领军人才的个体需求都有较高程度的激励作用，其中对于工作认同、工作物质条件和成就追求三项需求要素的满足程度最高。多阶段考核对于工作认同和成就追求的满足程度最高，而对于职业权益、社会关系和生活物质条件的满足和提升相对较弱。联谊交流活动对于社会关系的拓宽和促进有着显著的推动作用，而对于工作特性、工作物质条件和生活物质条件的影响不大。成果推广极大地促进了科技领军人才的工作认同，对于成就追求、工作物质条件方面的需求要素的满足也很显著，但对于组织制度方面的需求激励效果较弱。经费追加对于工作物质条件的提升需求具有突出的激励效应，对于工作认同和成就追求也有显著激励作用，同时也很好地满足了其他人才需求要素。荣誉奖励对于各项人才需求要素都具有良好的激励作用，对工作认同和成就追求的激励最为显著。项目合作机会对工作物质条件、工作认同、社会关系和成就追求都具有突出的激励效应，对于其他人才需求要素也具有良好的激励作用。重大项目中标机会是政府人才计划中满足程度非常高的一项内容，它对于九项主要的科技领军人才需求要素都显示出相当好的激励作用。可以看出，经费追加、项目合作机会和重大项目中标机会是能够普遍满足科技领军人才需求的有效激励方式。

第四节　关联性分析结论

一　科技团队领军人才资质要素与政府人才计划培养途径的关联性

　　结论一：政府人才计划中六项主要的资质培养途径分别对科技领军人才八个维度的资质要素有不同程度的推动作用。其中，"科研实践"对"研究能力"的推动作用最高（4.35分），其次是"学术研讨"对于"知识结构"的推动作用（4.32分），两者都属于"显著关联"；"科普宣传"对于"研究资格"的推动作用最低（2.47分），属"弱关联"。

　　结论二：就六项培养途径对于科技领军人才资质要素的总体推动作用而言，关联性由强到弱的排序为：科研实践、学术研讨、科技考察、院士讲座、联谊交流和科普宣传。且六项培养途径推动作用的平均评分皆为3—4分之间，属"重要关联"要素。

　　结论三：比较科技领军人才八个维度的资质要素在政府人才计划中得

到的提升和推动，其中有六个维度的资质得到了来自于培养途径的"显著关联"级的推动，六个维度的资质得到了来自于培养途径的"重要关联"级的推动，同时，"个性特质"维度没有得到任何来自于培养途径的"显著关联"级或是"重要关联"级的推动。详见表19－7。

表 19－7　　　　　资质要素与培养途径的关联性分级比较

资质要素 ＼ 培养途径	显著关联的培养途径	重要关联的培养途径	弱关联的培养途径
人文素养		联谊交流、科技考察、院士讲座、科普宣传	科研实践、学术研讨
知识结构	科技考察、学术研讨、院士讲座	科研实践、联谊交流、科普宣传	
研究资格	科研实践		联谊交流、科技考察、学术研讨、院士讲座、科普宣传
个性特质			科研实践、联谊交流、科技考察、学术研讨、院士讲座、科普宣传
工作态度	科研实践	联谊交流、科技考察、学术研讨、院士讲座、科普宣传	
研究资质	科研实践	学术研讨	联谊交流、科技考察、院士讲座、科普宣传
研究能力	科研实践、学术研讨	科技考察、院士讲座	联谊交流、科普宣传
研究组织能力	科研实践、科普宣传	联谊交流、科技考察、学术研讨	院士讲座

二　科技团队领军人才需求要素与政府人才计划激励手段的关联性

结论四：政府人才计划中八项主要的激励手段分别对科技领军人才九个维度的需求要素有不同程度的满足。其中，"重大项目中标机会"对"工作物质条件"的满足程度得分最高（4.58分），其次是"重大项目中标机会"对于"成就追求"的满足（4.53 分），两者都属于"显著关联"；"联谊交流"对于"生活物质条件"的满足程度得分最低（2.21分），属"弱关联"。

结论五：就八项激励手段对于科技领军人才需求要素的总体满足程度而言，关联性由强到弱的排序为：重大项目中标机会、经费资助、项目合作机会、荣誉奖励、经费追加、成果推广、多阶段考核和联谊交流。除"重大项目中标机会"的平均得分属"显著关联"外，其余七项激励手段满足程度的平均评分皆属"重要关联"。

结论六：比较科技领军人才九个维度的需求要素在政府人才计划中得到的满足和激励，其中六个维度的需求要素得到了来自激励手段的"显著关联"级的推动，全部九个维度的需求要素都得到来自激励手段的"重要关联"级的推动。详见表 19 – 8。

表 19 – 8　　　　　需求要素与激励手段的关联性分级比较

需求要素 ＼ 激励手段	显著关联的激励手段	重要关联的激励手段	弱关联的激励手段
工作物质条件	经费资助、成果推广、经费追加、项目合作机会、重大项目中标机会	多阶段考核、荣誉奖励	联谊交流
生活物质条件		经费资助、成果推广、经费追加、荣誉奖励、项目合作机会、重大项目中标机会	多阶段考核、联谊交流
工作认同	经费资助、成果推广、经费追加、荣誉奖励、项目合作机会、重大项目中标机会	多阶段考核、联谊交流	
工作特性	重大项目中标机会	经费资助、多阶段考核、成果推广、经费追加、荣誉奖励、项目合作机会	联谊交流

续表

激励手段 需求要素	显著关联的激励手段	重要关联的激励手段	弱关联的激励手段
组织制度		经费资助、多阶段考核、联谊交流、经费追加、荣誉奖励、项目合作机会、重大项目中标机会	成果推广
组织氛围	重大项目中标机会	经费资助、多阶段考核、联谊交流、成果推广、经费追加、荣誉奖励、项目合作机会	
社会关系	项目合作机会、重大项目中标机会	经费资助、联谊交流、成果推广、经费追加、荣誉奖励	多阶段考核
职业权益		经费资助、联谊交流、成果推广、经费追加、荣誉奖励、项目合作机会、重大项目中标机会	多阶段考核
成就追求	经费资助、成果推广、经费追加、荣誉奖励、项目合作机会、重大项目中标机会	多阶段考核、联谊交流	

第二十章 基于关联性研究的政府人才计划评价及优化策略

基于政府人才计划培养途径与科技领军人才资质要素之间、政府人才计划激励手段与科技领军人才需求要素之间的关联性分析结论，可以发现本地政府人才计划自实施至今，在促进科技领军人才成长所取得的积极成效和有待完善提升之处，从而为本地政府人才计划的优化提供依据，并可为我国其他城市、地区的同类计划提供借鉴。

第一节 政府人才计划在促进科技团队领军人才成长方面所取得的成效

1. 以科研实践为核心途径，显著提升了资助对象的学术水平和工作能力

根据第十九章第四节中结论三及表 19 – 7 可知，以科研实践为主的培养途径，显著地促进了科技人才在研究资格、工作态度、研究资质、研究能力和研究组织能力等方面的资质提升，即获得资助的科技人才通过科研实践的实战磨砺，能够获得学术水平和工作能力上的大幅提高。

2. 提供学术交流平台，一定程度上促进了资助对象综合素质的发展

由表 19 – 7 可知，包括联谊交流、科技考察、学术研讨、院士讲座和科普宣传在内的各种交流活动，在一定程度上促进了科技人才的人文素养、知识结构、工作态度、研究资质、研究能力和研究组织能力的发展。可见，政府人才计划通过组织种种学术交流活动，架设了一个交流平台，通过这个平台的支持，使科技人才得到知识、能力、素质全方位的成长。

3. 以重大项目机会和经费资助为主要激励手段，很好地满足了资助对象对于工作、社会交际和成就等方面的追求

由表19－5可见，重大项目机会和经费资助是政府人才计划中激励效应最显著的两项；而根据第十九章第四节中结论六及表19－8，以这两个激励项目为主的内容对于科技人才在工作物质条件、工作认同、工作特性、组织氛围、社会关系和成就追求等方面的需求有显著满足效应，印证了重大项目机会和经费资助的显著激励成效。

4. 通过项目机会、经费、荣誉和考核制度等方面激励，一定程度上满足了资助对象在生活条件、制度环境和职业权益等方面的追求

由表19－8可知，包括重大项目机会、项目合作机会、经费资助、经费追加、荣誉奖励和多阶段考核等在内的激励手段，对于科技领军人才需求要素的九个维度都起到了一定程度的激励作用，对资助对象的需求满足是相对全面的。

第二节　政府人才计划在促进科技团队领军人才成长方面待完善之处

根据以实证研究为基础的要素评分和关联性分析，对比资质要素、需求要素的重要度和获得提升、获得满足的程度，可以发现政府人才计划对于科技领军人才的资质培养和需求满足有待发展完善的两个方面。

1. 对高尚人文素养和优秀个性特质的培养尚且欠缺

根据第十六章第三节中表16－8，人文素养和个性特质维度下的所有分项指标，都具有"突出级"的重要程度（除唯一被剔除的分项指标"文化底蕴"外），可见人文素养和个性特质是一名科技领军人才的资质结构中非常重要的因素。而表19－7的内容显示，在政府人才计划中，资助对象的人文素养仅得到了一定程度的培养塑造，在个性特质方面的发展几乎没有任何有效推动。

2. 对组织制度的改善和职业权益的维护有待加强

根据第十六章第四节中表16－10实证调查得出，职业权益和组织制度维度下的所有分项指标，都具有"突出级"或"重要级"的重要程度。显而易见，职业权益和组织制度是科技人才较为关注的需求要素。而由表

19 - 8 可知，目前在政府人才计划中，还没有激励手段非常显著地满足资助对象在这两方面的需求。

第三节 本地政府人才计划的优化策略

基于上述研究，通过借鉴国外成功案例及当前国家对科技创新的要求，对上海地区的政府人才计划提出优化策略，主要包括以下几方面。

1. 培养坚实的"专业素养"

所谓"专业素养"，在此主要是指科技人才所具有的能够或者比较容易客观评价的素养，例如专业知识、学术水平、科研能力等方面素养，这些素养对于科研工作绩效起着举足轻重的作用。

目前上海地区的政府人才计划对于入选的科技人才"专业素养"的培养，取得了良好成果。但其操作模式主要以科研项目为途径，难以满足科技人才对知识和技能的巨大需求，与国外成功的人才计划相比有一定的差距。为了打造高素质的科技人才队伍，除了实施现有的人才计划外，上海市政府有关方面可以尝试针对入选的科技人才特点，建立培训和再培训机制，并建立高级科技人才聚集的研究基地，实施以人才培训为途径的政府人才计划操作模式，为上海乃至全国培育科技创新基因。

2. 在综合考察专业素质的条件下对人文素养和个性特质给予更多关注

所谓"人文素养"主要是指科技人才的那些相对隐性、不易被客观衡量的素养，例如个人涵养、个性特质等方面素养，这些素养一般是间接地影响科研工作绩效，但往往对个人的成长与成功起着更为决定性的作用。

目前，上海地区的政府人才计划对于入选的科技人才的"专业素养"的培养投入较多，在未来一个阶段，需要在继续保持良好的"专业素养"的基础上，重视入选科技人才"人文素养"的培养。为此，上海市政府可建立"科学人文论坛"，以网络或面对面交流的方式为自然科学家与人文社会科学家提供相互交流与合作的新平台，激发科技人才的人文社会科学兴趣，帮助入选的科技人才提高自身的人文社会科学素养，使科技领军人才视野更开放，科技精神更丰富。

3. 加强对组织制度的改善和职业权益的维护

科技人才是一个特殊的工作群体，具有高层次的理想追求，往往具有相对独立的工作风格和特点，因此在满足他们基本物质需求的前提下，同时关注科技人才的个性需求和高层次需求。

上海地区的政府人才计划实施至今，通过不断的完善发展，为资助对象的工作、生活等各方面的条件提供了较好的物质支持，在现阶段应进一步重视科技人才在组织制度、职业权益等方面的高层次需求。因此上海市政府可进一步规范项目课题负责人负责制和科研课题制，完善相关的制度，以明确项目课题负责人的职责与权限，使课题负责人在批准的计划任务和预算范围内享有充分自主权，减少管理环节与管理层次，以满足科技人才强烈的成就动机，使其达到整体水平的提升。

4. 鼓励自主创新，探索政府人才计划的新模式

当今国际经济竞争激烈，科技创新成为提高国家和地区核心竞争力的关键所在。胡锦涛多次强调指出，要全面落实科学发展观和科教兴国战略，把提高自主创新能力作为推进结构调整的中心环节，把推动自主创新摆在全部科技工作突出位置。因此，鼓励自主创新成为政府人才计划实施的方向。

为提升上海市地区自主创新的能力，政府人才计划需要加大从事基础研究和应用研究的科技人才的经费投入；对从事自主创新的科技人才放宽申请政府人才计划资助的资历标准；进一步加强产学研合作模式，通过企业和大学、科研院所共建的实验室、工程技术研究中心、高新技术经济实体等对入选的科技人才进行培养，为入选的科技人才提供学术、实践交流的平台，激发科技人才自主创新的热情，实现区域自主创新能力的提升。

5. 建立多元投资体系，加大科技投入

目前上海地区的政府人才计划主要通过科研项目经费资助的方式进行，在一定程度上解决了科研经费紧缺的问题。但是，政府对科研的投入有限，无法满足科研项目对资金的巨大需求。

因此，上海市政府在保证增加财政经费对科技投入的同时，可通过经济杠杆、政策措施等引导和鼓励企事业单位增加研发投入，逐步形成以财政投入为引导、企业投入为主体、银行贷款为支撑、社会集资和引进外资为补充的多元投资体系，增大全社会的总体投入，并支持和鼓励大型企业集团投入资金，集中用于关键技术的研究开发和产业化投入，以改善科技

人才的工作和生活环境，进一步激发科技人才的工作热情，为其成长和发挥作用创造条件。

第四节　可供我国其他地区同类人才计划借鉴的经验

上海市的经济发达程度位列国内前茅，是我国对外开放的窗口城市之一，也是我国少数的国际化都市之一。上海地区的多个政府人才计划在地方政府十几年的倾力建设下，已形成比较成熟的操作模式，取得了相当的成就。

上海市的政府人才计划具有值得我国其他城市和地区的同类人才计划借鉴的方面：

（1）高度重视并充分利用科研实践本身对塑造科技人才的重大作用；

（2）政府人才计划着重于扮演搭建平台、提供机遇的支持者与协调人角色，为科技人才的全面成长架设舞台；

（3）准确把握科技人才在成才过程中的各项需求，为其科研工作提供强有力的支持，解除其后顾之忧；

（4）在科技人才的资质培养和需求激励中，注重"专业素养"和"人文素养"、物质和精神的辩证关系。既要把握物质因素的基础作用，又不能偏废精神因素，致力于通过掌握客观规律，塑造众多高端科技领军人才。

本篇参考文献

[1] McClelland. D. C. Testing for Competence rather than for "intelligence". *American Psychologist*, 1973, 28 (1): 1 – 14.

[2] McLagan. P. A. Models for HRD Practice. *Training and Development Journal*, 1989.

[3] Edwin Mansfield. Patents and Innovation: An Empirical Study. *Management science*, 1986: 173 – 181.

[4] Ledford. G. E. Paying for the Skills, Knowledge, and Competencies of Knowledge Workers. *Compensation & Benefits Review*, 1995, 27: 55 – 62.

[5] 李声吼:《人力资源发展》,中国税务出版社 2005 年版。

[6] Perry. J. L. Strategic Human Resource Management. Review of Public Personnel Administration, 1993, 13 (4): 59 – 71.

[7] McClelland Dc. Identifying Competencies with Behavioral Event Interviews. *Psychological Science*, 1998.

[8] G. Yukl. Managerial Leadership: A Review of Theory and Research. *Journal of Management*, 1989, 15 (2): 251 – 289.

[9] Pavett C. M. , Lau. A W Managerial Work: The Influence of Hierarchical Level and Functional Specialty. *Academy of Management Journal*, 1983, 26 (1): 170 – 177.

[10] Mount. MK Psychometric Properties of Subordinate Ratings of Managerial Performance. *Personnel Psychology*, 1984, 37 (4): 687 – 702.

[11] Mount. MK Five – Factor Model of personality and Performance in Jobs Involving Interpersonal Interactions. *Human Performance*, 1998, 11 (2 – 3): 145 – 165.

[12] Boyatzis. The Competent Manager : a Model for Effective Performance (Bound), 1982.

［13］戚鲁、杨华：《人力资源能本继续教育与能力建设》，人民出版社2003 年版。

［14］王重鸣、陈民科：《管理胜任力特征分析：结构方程模型检验》，《心理科学》2002 年第 5 期。

后　　记

　　2007—2010 年在同济大学经济与管理学院师从罗瑾琏教授攻读博士学位。罗老师在组织行为与人力资源管理领域耕耘多年，造诣颇深。在跟随罗老师读书期间，不仅领略到了罗老师高水准的学术造诣、大师级的人文素养，更是在生活上得到老师的种种关怀。罗老师亦师亦友，与她相处的日子里如沐春风，让科研变成了一件非常快乐的事。读博期间，我参与了罗老师主持的多项科研课题与项目，重点研究了科技人才成长相关论题，并在参加工作后持续关注、参与这方面的研究，有了一定的积累。

　　2012 年 9 月，我开始跟随朱春奎教授在复旦大学国际关系与公共事务学院公共管理博士后流动站继续相关领域的科研工作，对公共管理领域的相关论题展开深入研究。朱老师严谨治学的态度和不懈探索的学术精神，让我受益良多。本书的完成与出版，得到了两位老师的大力支持与帮助，老师们鼓励我将以前积累的成果发表，为今后的科研道路奠定基础。在他们的支持下，我开始将相关的研究内容进行梳理，并与老师们多次讨论书稿框架与内容体系，最终形成了本书的内容结构。不可否认的是，这本书的成稿的确为我博士后期间的研究作了很好的铺垫。

　　在本书的完成过程中，还有许多同门做出了贡献。李思宏师兄对本书前两篇中的部分内容给予了补充与完善，刘权师兄对本书第五篇中部分内容给予了协助与支持，同时邹美美师妹参与了书稿初期的校订工作，在此对各位同门的帮助表示感谢。

　　本书在编写过程中参阅了大量的研究文献，文中已经在相应位置标出，但部分文献遗漏出处。在此一并对相关学者表示感谢。同时，感谢出版社编辑老师的辛苦工作，特别是王曦老师在修稿、发行过程中对我无私的帮助，使我在没有压力的状态下完成书稿的修订、完善工作。

　　在此，一并感谢我的领导、同事，在单位工作的大部分时间里，我能够与科技人才广泛接触，并深度调研获得大量信息，多次与领导同事们探讨科技创新以及科技创新人才相关议题，积累了丰富的素材。

　　书稿的出版也得到了我先生的鼎力支持，感谢他主动分担，一直在身边默默陪伴我成长。乖巧可爱的女儿，带给我无尽的快乐与幸福，更是我不断前进的动力。我前行的每一步都伴随着父母和姐姐的关爱与支持，他们无私奉献，不断为我分忧解难；感谢公公婆婆帮忙照顾宝宝，让我能够安心工作，家人们是我强大的后援团。感恩、感谢！

　　本书只是一个初步的成果，其中不足之处在所难免，请读者与同仁多提宝贵意见。

张冬梅

2015 年 5 月